茶经新读

茶圣陆羽的鉴茶泡茶品茶智慧

杨多杰 著

机械工业出版社
CHINA MACHINE PRESS

茶文化工作者杨多杰，精研茶学多年，走遍全国各大产茶大区，以《茶经》为魂，用历史文献学专家的视角为您解趣当下人的茶生活。

全书结合当下传统茶文化中的热点、难点、疑点，梳理和介绍关于鉴茶、泡茶、品茶中的各种门道和精髓、内涵和知识，纠正饮茶过程中的误区和错误方法。其中掺杂各种有趣的茶人、茶事，让您轻松汲取经典的智慧，提高生活的品位。

图书在版编目（CIP）数据

茶经新读：茶圣陆羽的鉴茶泡茶品茶智慧 / 杨多杰著.
— 北京：机械工业出版社，2018.11（2021.10重印）
ISBN 978-7-111-61396-1

Ⅰ.①茶… Ⅱ.①杨… Ⅲ.①茶文化–中国 Ⅳ.①TS971.21

中国版本图书馆CIP数据核字（2018）第261004号

机械工业出版社（北京市百万庄大街22号　邮政编码100037）
策划编辑：谢欣新　丁　悦　责任编辑：丁　悦
封面设计：吕凤英　　　　　责任校对：潘　蕊
责任印制：李　昂
北京联兴盛业印刷股份有限公司印刷

2021年10月第1版第3次印刷
145mm×210mm・7印张・3插页・129千字
标准书号：ISBN 978-7-111- 61396-1
定价：59.80元

序

这是多杰的又一本有关茶学的著作，其中有些内容与我交换过意见，所以再次请我作序，我便答应了。

在年轻人中，多杰对知识的追求是比较突出的。目前，茶文化很热闹，真知灼见与人云亦云，同时混杂在一些有关茶的读物中，甚至在一些价格不菲的培训中，似是而非的观点间亦有之。

此书的内容，我不能断定全部正确，但我知道，他所讲的是自己的思考。就此而言，我愿意为之再序。

如果热衷于茶文化、喜欢中国优秀传统文化的读者能够从此书中得到些许的收获，我和作者就得到了最大的满足。

谨此为序。

穆祥桐

原农业部专家组成员

中国农业出版社编审

南京农业大学人文社会科学学院兼职教授

华侨茶业发展研究基金会顾问

引

三卷

　　陆羽的《茶经》，是中国乃至世界范围内第一部茶学专著。全书分为上、中、下三卷，共有十章，涉及茶叶起源、种植、加工、烹煮、品饮、历史，以及如何学习《茶经》等内容。涉猎广泛，是一部茶学百科全书式的专著。

　　内容如此丰富的《茶经》，实际上只有七千余字。

　　正常的语速，一分钟可读100~200字。一本《茶经》读完，快则35分钟，慢则一小时左右。所以只要肯下功夫，通篇熟读，甚至背诵全文，都绝非不可能完成的任务。

　　惜字如金，是《茶经》一大特征。

　　我到很多地方讲课，主办方都希望我尽量讲"干货"。其实，《茶经》就是最重要的茶学干货。

　　对待干货，我们学习时不妨也采取"惜字如金"

的态度。陆羽逐行逐段推敲着写，我们逐字逐句琢磨着读。我常建议大家反复研读《茶经》，道理也就在此。

常读常新，《茶经》无愧"经典"二字。

拙作《茶经新解——茶圣陆羽的饮茶智慧》中，和大家聊了很多关于正文的解读。今天，我们不妨调整视角，来探求一下《茶经》目录中的秘密。

翻开《茶经》目录，可见此书分为上、中、下三卷，共有十章。但是，疑惑也随之而来。理论上，十个章节要分为三卷，最为常见的分法是"三四三""三三四"抑或"四三三"。

陆羽却不按常理出牌，按照"三一六"的方法进行分卷。即卷上为《一之源》《二之具》《三之造》，卷中为《四之器》，卷下为《五之煮》《六之饮》《七之事》《八之出》《九之略》《十之图》。

细细思量，这岂不是怪事一件吗？

陆羽分卷方法虽然看似凌乱，但是实际上内含玄机。

首先，《茶经·一之源》看似讲述的是茶叶起源，实则紧密围绕着制茶的源头——识茶、种茶与辨茶。

例如开篇就写：

"茶者，南方之嘉木也。一尺、二尺乃至数十尺。其巴山峡川，有两人合抱者，伐而掇之。其树如瓜芦，叶如栀子，花如白蔷薇，实如栟榈，蒂如丁香，根如胡桃"

这段话将茶树的外貌特征，从树形到叶形，再到花朵、果实、根茎，讲得既清楚又具体。荒郊野外，想在众多植物中找到茶树，全要仰仗这段文字。

长久以来，很多人把这段文字当作是陆羽对于茶树的植物学描述。可其实，这段文字分明只是为去野外采茶而写的说明文字。

哪里出产好茶呢？《一之源》中给出了答案，即：

"上者、中者、下者"

这既可以被认为是告诉大家在什么地方能采到好茶，也可以理解为是对于理想的种茶土壤环境的描述。

此后，又有：

"凡艺而不实……结瘕疾"

这一段，则完全是在描述种植方式与采摘标准的问题了。

《一之源》，不单单是讲茶的起源。

《一之源》，是在讲制茶环节的源头，即茶树的种植与鲜叶的采摘。

《茶经·二之具》，讲的是茶具。现代汉语中的茶具，自然就是盖碗、瓷壶、品茗杯等冲泡品饮茶叶的物件。但唐代陆羽笔下的茶具，则是制茶所用的工具。这一点，是很多人读《茶经》时容易误解的地方。

至于《茶经·三之造》，顾名思义是讲茶叶制作的流程与工艺。

陆羽能够如数家珍地写出各种制茶的工具，并且清楚制茶各环节的难点与要点，这是很了不起的地方，这些知识非常值得如今习茶人借鉴。

美食家想评价一道菜的优缺点，就一定要了解相关的烹饪用材和制作流程。这样你的点评，才可以做到言之有物。是刀工不匀？还是火候欠妥？味道不好，是多放了胡椒还是少放了老抽？若是对烹饪一知半解，你又如何有资格评菜呢？

回到茶学，也是殊途同归。要是连"萎凋"与"做青"都搞不清，还想泡好一杯茶，那岂不是天方夜谭吗？要是都不知道茶的发酵二字为何意，又怎么知道茶汤中的青臭气或闷青味从何而来呢？

再回到《茶经》目录的研究。由《一之源》《二之具》《三之造》所构成的《茶经·卷上》，涉及的内容为茶树种植、茶青采摘以及茶叶制作。

《茶经·卷上》，实际上内容即为茶的生产与加工。

梳理完卷上，我们来看卷下。

至于卷中，我们稍作搁置，一会儿再来讨论。

《茶经》卷下，是全书中篇幅最大、字数最多的一卷。共涵盖六个章节，即《五之煮》《六之饮》《七之事》《八之出》《九之略》

与《十之图》。

《五之煮》与《六之饮》，讲的是茶叶的烹煮与品饮。也就是"泡茶"与"喝茶"。

《七之事》讲的是与茶相关的掌故。这一章可读性很强，我们甚至可以将它当作微小说去阅读。本章内容上至上古时期的神农氏，下至南北朝，其实也可以被认为是一部唐代中期前的茶业通史。

《八之出》讲的是茶叶的出产。既有具体的产地名称，也有茶叶优劣的介绍。《九之略》讲的是在特定环境下，如何省略复杂的器具和步骤饮茶。今天，我们流行给生活做减法，其实，陆羽早在千年前就已经提出了这种"极简"的饮茶思路，不可谓不前卫！

至于《十之图》，并非是讲插图或配图。陆羽是建议习茶人，将《茶经》中的重要内容"以绢素或四幅或六幅，分布写之，陈诸座隅"。这样一来，才可以达到"目击而存，于是《茶经》之始终备焉"的效果。"十之图"，实际上是对于习茶方法的总结。

由此，由《五之煮》《六之饮》《七之事》《八之出》《九之略》与《十之图》所构成的《茶经·卷下》，涉猎的内容为茶的烹煮、品饮、历史、产地、简化的品茶方法以及如何学习本书的方法。

所以，《茶经·卷下》的核心内容为茶叶品饮及茶文化。

了解了卷上与卷下的内容，我们再回过头看卷中。

《茶经·卷中》，只包含了《四之器》一个内容。那么，我们可以认定《茶经·卷中》的核心内容就是茶器。

如果把卷上算作是饮茶活动的前端环节，继而把卷下算作是饮茶活动的后端环节，那么卷中便是将前端与后端连接在一起的纽带。

由此可见，将《四之器》单独列为一卷，绝非陆羽草率的决定。

相反，陆羽参透了茶器的核心价值。

茶器，为茶叶生产与品饮的纽带。

再好的制茶工艺，都需要一件恰当的茶器方可展露。再高的冲泡手法，也需要巧用茶器才可以表现。

茶器是制茶人的手艺和泡茶人的技巧展示的舞台。

茶器是将茶汤忠于原味，甚至有所升华的点睛之笔。

若是单单从美观、造型，抑或是名家作品的角度去挑选茶器，那显然是没有明了《茶经》的分卷本意，枉费了陆羽老先生一片苦心。

话说至此，再来看《茶经》"三一六"的分卷方式，才知陆羽的巧思设计。他将茶学分为了前端的生产领域、后端的文化领域以及作为纽带的茶器领域。

《茶经》的"三卷式"，其本质是将中国茶文化进行了黄金分割。

三卷，即三个领域。

三卷，即三个角度。

三卷，即构成了中国茶文化。

习茶之人，不妨就以《茶经》的三卷为钥匙，从而清晰解构纷繁复杂的中国茶文化。

十章

有句古谚，叫养儿方知父母恩。

养育孩子和撰写书稿一般，不亲自尝试并不能体会其中辛苦。

我在写《茶经新解》时，最令我困扰的不是正文，而是目录的设置。

到底是分为四章，六章，还是八章？是采用两级目录，还是三级目录？目录分得太粗，会不会不够清晰？目录分得太细，会不会又显得啰唆？我也曾与书稿的编辑老师反复讨论此问题。

拟好，推翻，再拟好……几易其稿，都不满意。

原来最难写的是目录！

也正是在这时，我才顿悟《茶经》分章方法的巧妙之处。

每次去各地讲解《茶经》，我都会从目录入手。毕竟，一两个小时的讲座，拆解全文并不现实。从《一之源》到《十之图》，每一章都代表着茶学的一个领域。那么，让听讲者了解十章目录的大致内容，也算是对《茶经》有了最初的认知。

想了解《茶经》中的奥妙，我们需要换个角度琢磨十章。

如下图所示，我们将《茶经》自《一之源》到《十之图》，自左至右排成直线。再以这条直线的中点为圆心，画上五个同心圆。从而，有了观察《茶经》十章的全新视角。

图中五个同心圆，可视为习茶的五层境界。自圆心发散，习茶人需一层一层地勤学苦练。

由不懂到懂，由懂到会，由会到通，由通到化，从而最终才能继承茶学之精髓。

若是打乱了顺序，抑或是本末倒置，就不免要在习茶道路上走一些弯路了。

下面，我们来逐一拆解《茶经》十章中隐含的"习茶路径法门"。

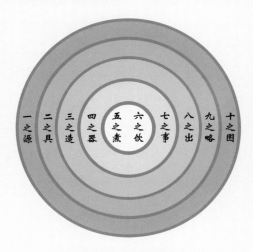

《茶经》十章所示习茶路径

第一层：茶汤

如上图所示，自圆心展开的第一个同心圆，包含《五之煮》与《六之饮》两个章节。其中《五之煮》可以延伸理解为冲泡方法，而《六之饮》则讲述的是品饮方法。

冲泡与品饮，可概括为"茶汤"。

习茶的第一层修为，要围绕"茶汤"展开。

现如今，讲茶的课程或书籍不在少数。花样繁多琳琅满目，让人不知如何挑选。但我想，课程也好书籍也罢，若是脱离了"茶汤"二字，都值得另行商榷。

禅茶、茶修、茶艺术、茶美学，叫什么名字都可以，但就是不可以脱离"茶汤"。上下五千年，纵横十万里，儒释道都讲遍了，听的人津津有味，却不能泡上一盏好茶，喝懂一盏茶汤，那还叫习茶吗？

脱离了"茶汤"而聊茶，就如同脱离了信仰谈宗教。

讲的人说不出精髓，听的人会觉得隔靴搔痒，并不解渴。

把一杯茶概念化、抽象化甚至神秘化，都偏离了茶学的本质。

茶，可以和音乐、美术甚至哲学结合。但是，却一定要分出主从关系。"茶汤"是核心，是每一个习茶人必须首先掌握的内容。

请先别忙着布置雅致的茶席，也别忙着入手高价茶器。更不必非要打坐茶修，试图理解"茶禅一味"。

给别人的"茶汤"，要冲泡得当。

别人给的"茶汤"，要品饮明白。

这便是一个习茶人，首先要做的第一层修行。

第二层：文化

"茶汤"，是习茶的起点，也是习茶的核心。

但若想再有造诣，却又不可止步于此。

自圆心展开的第二个同心圆，包含《四之器》与《七之事》两个内容。《四之器》即包括冲泡品饮等领域的茶器。《七之事》则是与茶相关的掌故。

茶器与掌故，为茶增添了浓厚的文化价值。

习茶的第二层修为，要围绕"文化"展开。

古人品茶，最早并不具备专门的茶器。唐代以前，大多茶酒器不分家。先莫笑古人粗糙，回看我们自己的饮茶经历，最早泡茶、品茶的器具也不见得精致到哪儿去。

粗陶茶壶、搪瓷缸子，甚至罐头瓶子，都是几十年前居家必备的茶器。可就是在这样"粗鄙"的茶器陪伴下，我们不也喝掉了数量可观的茶叶吗？

想喝一杯茶，茶器大可将就。

想喝好一杯茶，茶器就要有些讲究了。

习茶之人都懂得，茶器的材质、器型、容积，都与最终冲泡出的茶汤密切相关。而优雅的造型，精美的釉色，加上美好的寓意，又能给我们的饮茶生活增添另一番情趣。

说罢了茶器，再来说茶叶。

泡出一盏口味上佳的茶汤，是第一要务。可若是再能说出这款茶的历史由来，趣味掌故，名人轶事，那这杯茶喝起来就又是一番风味了。

天下绿茶不胜枚举，可为何碧螺春、龙井就是醉人心田？除了口味，康熙皇帝与碧螺春的缘分，乾隆皇帝对龙井的执着，无疑为这两款绿茶附加了价值。

喝茶，使人身心愉悦。

身的愉悦，由茶汤负责。

心的愉悦，由文化负责。

把茶汤学透彻，则掌握了茶的本质。但若止步于茶汤，那便是把茶当成了寻常饮品。只有再打通第二层，掌握茶器的品性，了解背后的历史，才能真正让茶"滋润身心"。

第三层：生产

能熟练冲泡，又能鉴别好坏；亦可以通过文化，来升华茶之内涵，丰富饮茶的享受。对于初学者来说，这便是打通了最初的两层境界，已属不易。

若想再行进步，那便要继续溯源了。

自圆心展开的第三个同心圆，包含《三之造》与《八之出》两个内容。三之造，讲的是茶叶制作的流程。八之出，则讲的是茗茶出产之地。

制作与产地，可概括为茶叶的生产环节。

习茶第三层修为，要围绕"生产"展开。

在第一层"茶汤"的学习中，我们已经可以熟练地分辨出一款茶的优劣。

正所谓，不苦不涩不是茶，只苦只涩不是好茶。

进一步，我们要知道为什么会苦，又为什么会涩。

面对美食，我们可以简单说好吃或是不好吃。但若真是精于此道，则要说出是刀工不好导致了食材受热不均，还是火候不到导致了老嫩不一，抑或是五味调和不当导致了口味差强人意。

在第一层"茶汤"修习中，我们可以判断出"好"与"坏"。但只有深入到生产环节，我们才可能知道问题出在哪里。正所谓，"知其然知其所以然"。

与此同时，了解制茶工艺又可以帮助我们泡好一杯茶。例如论重萎凋不揉捻的白茶时，我们不妨把浸水时间拖长，以使得茶汤滋味饱满。而对于足焙火又揉成球状的乌龙茶，则要采用先长后短的冲泡手法，以保证茶汤口感适中。

当然，了解制茶工艺的捷径，便是深入茶区。但是要注意，"生产"为习茶第三层级的训练，切不可本末倒置。现在很多地方机构组织茶文化游学，其实无外乎是打着习茶旗号的旅游罢了。

对于已经完成"茶汤""文化"两个层级学习的人来讲，去茶区观摩会有很大收获。可是对于更多初级爱好者来讲，到茶区的收获可能只限于观光旅游。感受美景美食，自然也是好事，但是在山场、茶厂走马观花地拍拍照，对于自己的茶学修为并没有很大提高。

这正是所谓的内行看门道，外行看热闹。

第四层：加减

自圆心展开的第四个同心圆，包含《二之具》与《九之略》两个内容。《二之具》介绍的是制茶的工具。《九之略》说的是品饮的智慧。前文多次提及，这里不再一一赘述。

其实习茶到了第四层，已是行家。再想提高，则可在生产制作与冲泡品饮两头再下功夫。

茶圣陆羽，是不是制茶高手？

我不知道。

但我敢说，茶圣陆羽一定曾经亲手制茶。若非亲身经历制茶环节，又如何能对制茶工具如数家珍？光靠道听途说，可写不出《二之具》。

这功夫怎么下呢？从课堂上了解制茶流程，甚至有机会到茶区观摩学习。再想提高，不妨就亲手制作一批茶。

从品饮角度，能提高的地方不是再去购置更昂贵的茶器，也不是学习更复杂的泡法。习茶至此，茶器已经够多了，泡茶也够讲究了。

此时，是该翻看《九之略》的时候了。《茶经》第九章，告诉世人在特殊条件下如何减少泡茶的器具及流程。

茶圣陆羽告诉习茶人，讲究到了一定程度，切莫不会将就了。

《二之具》是给生产做加法。

《九之略》是给冲泡做减法。

第四层修为，是望习茶人能够加减自如。

第五层：求精

自圆心展开的第五个同心圆，包含《一之源》与《十之图》两个内容。其中《一之源》，讲的是茶树的性状及分辨方式。《十之图》则是希望大家对于《茶经》"目击而存"，从而熟练掌握。

从一杯茶汤体会其制茶工艺，已是高手。若是还能喝出其所用树种，这便是更高一层的境界了。

例如，金萱、翠玉、四季春，都可以归为清香型乌龙茶，在工艺相同的条件下，三者口感有何不同？这便要看大家在《一之源》的修为如何了。

中国茶学深奥广博，难免挂一漏万。时常回顾所学知识，翻看习茶笔记，便是《十之图》想要告诉后人的学习态度了。

习茶第五层，便在于精益求精，学无止境。

尾声

行文至此，大家是否理解拙作《茶经新解——茶圣陆羽的饮茶智慧》中为何仍采用了"三卷十章"的目录设置呢？

《茶经》，编排确实太过精妙。

《茶经》，值得习茶人反复研读。

我们所知的《茶经》内容，不过是冰山一角而已。

《茶经》，还需不断新解。

《茶经》，还可不停新读。

目录

序

引　　三卷

　　　十章

卷上
鉴茶

树龄

《茶经》之中有古树

中华民族，历来有"尊老爱幼"的传统美德。

可如今在茶界，奉行的却是"尊老不爱幼"的价值观。

别误会，本文要讨论的并不是捧"老茶"而贬"新茶"的怪象。

这里的"老"与"幼"，指的不是茶龄，而是茶树龄。

以老树茶、古树茶为贵的风气，自普洱茶界兴起。经过各位"茶人"的"不懈努力"，现如今此风已遍及六大茶类。古树白茶、古树红茶乃至于古树绿茶，可谓比比皆是。到茶博会上转一圈，"古树"已成了茶叶包装上的标配。

要想讨论"古树茶"，我们首先得明白，到底有没有古茶树？

《茶经·一之源》中，曾有这样的描述：

　　"茶者，南方之嘉木也。一尺、二尺乃至数十尺。其巴山峡川，有两人合抱者，伐而掇之。"

　　古人自然无法精确测量树龄，因此多用树木高矮粗细来表达。陆羽《茶经》描述得很清楚，他观察后发现，茶树有大有小，其中小茶树，不过一两尺高，而大茶树，则有数十尺之高，要两人才能合抱。

　　陆羽笔下的茶树到底有多高？首先，了解一下"唐尺"。唐代的"尺"，分为大小两种，其中又以"大尺"为常用。通过对传世及出土的唐代大尺研究，可以考证约 30 厘米。

　　换算一下，陆羽所讲的一两尺的茶树，高度也就在 30~60 厘米。至于"数十尺"，这是非常模糊的数字概念。为了便于理解，我们假设为"五十尺"。而五十尺的茶树，约有 15 米高，属于不折不扣的大树了。

　　相关的实物证据也多次证明了《茶经》中描述的古茶树尺寸。

　　自 20 世纪初以来，在中国的西南地区屡次发现野生大茶树。

　　1939 年，在贵州婺川县发现的野生大茶树，高约 7.5 米，叶长 13~16 厘米，叶片阔 7 厘米。

　　1959 年，在贵州赤水（现属习水）海拔 1400 米山谷森林中发现的大茶树，高 12 米，近地周围 2.5 米，离地 1 米处周围 1.8 米。

　　1958 年，在云南南糯山森林深处发现一株大茶树，高 5.5 米，叶长 15 厘米，阔 6.3 厘米，主干直径达到 1.38 米。

在缅甸寻找到的古茶树

1961 年，在云南勐海县大黑山原始森林中，发现一株目前最大的茶树。发现时测得树高 32.12 米，胸径 1.03 米。1978 年 3 月间，在顶端已被砍断的情况下，实测树高还有 14.7 米。

……

关于发现野生大茶树的记载还有很多，在这里就不一一赘述。但从数据中可以看出，陆羽《茶经》中"数十尺"高且可"两人合抱者"的茶树，真实存在绝非虚言。

这里要多说一句，我翻阅了大量野外考察大茶树的档案，全是关于高度、叶长、主干直径等内容，而没有关于树龄的记载。实际上，树木年龄的判断不可完全依照目测。像十余米高的大树当然树龄偏老，但到底老到什么程度，则还有待于进一步的研究。

比起如今动辄数百年甚至上千年树龄的说法，老一辈茶学工作者的严谨态度让人怀念。

茶树的一生有多长

我们接着来聊，充斥在市场中的"古树茶"。

虽然不能确切知道树龄，但综合文献与野外考察来看，确有树龄较长的茶树存在。

那么接下来的问题是，古树上的茶能喝吗？

讨论这个问题前，我们要从茶树的一生说起。

茶树在自然情况下，生长发育的时间为生物学年龄。那么按照茶树的生育特点和制茶的实际情况，人们又通常将茶树划分为 4 个生物学年龄，即幼苗期、幼年期、成年期、衰老期。

所谓幼苗期，就是指从茶籽萌芽出土，到第一次生长结束。

这个时期，也可以理解为是茶树的"婴儿期"。像婴幼儿一样，幼苗期的茶树也十分脆弱，容易受到恶劣环境的影响，需要格外关照。

幼年期是指茶树从第一次生长结束起至茶树正式投产的时间段。

这一时期，相当于茶树的"童年"。此时的茶树，主要任务就是茁壮成长。一般情况下，茶树的幼年期为 3~4 年。但有时因管理不善，而引发的茶树生长力不足会使其幼年期达到 7~8 年。就像营养不良的孩子一样，看着会比同龄的孩子瘦小。

就像未成年人不允许工作一样。幼苗期和幼年期的茶树也不可以采摘投产。人与树，都要遵循自然法则。

茶树的成年期，是指茶树正式投产到第一次自然更新的时期。这一时期的茶树，如同人的青壮年时期，身体健康，精力旺盛。成年期的茶树，产量与品质都处于高峰期。

茶树成年期，正常情况下可以长达 20~30 年。而此时茶农的重要任务就是在茶树栽培管理上多下功夫，尽量延长茶树的成年期。从而最大限度地获得高产、稳定、优质的茶叶。

人无千日好，花无百日红。茶树最终还是会步入衰老期。

所谓衰老期，是指茶树从第一次自然更新到植株死亡的时期。

茶树的衰老，其实是地上植株与地下根系同时进行的。

地上，茶树经过更新之后，重新恢复了树势，形成了新的树冠。经过若干年采摘和修剪后，又再度趋向衰老，此时，必须进行第二次更新。如此周而复始，茶树的生命力会不断减弱。更新后生长出来的枝条日渐细弱，而每次更新间隔的时间，也变得越来越短。最后茶树会完全丧失更新功能，整株死亡。

与地上植株衰老同步，地下的茶树根系也在经历着同样的历程。外散的根系逐渐死亡，而呈向心性生长。虽然这种情况随着每次地上植株的更新而得到改善，但总的趋势还是在步入衰老。循环往复，最终根系完全丧失再生能力，直至死亡。

无论多么全面且用心的栽培管理，都只能延缓茶树的衰老，而不能使其长生不老。

茶树何时能退休

我们虽然不能具体判断出陆羽笔下茶树的树龄，但却可以根据茶树的四个生物学年龄来进行划分。像"一尺二尺"的茶树，应还处在幼年期或是刚刚迈入成年期。而"数十尺"的茶树，则毋庸置疑地进入了衰老期。

走访茶区时，我也确实见到了很多枝条遒劲，态势苍古的老茶树。它们数百年，甚至上千年树龄的真伪，我无法辨识。但我敢肯定，那些年逾百岁的"老树""古树"，无一例外地都已进入了茶树生命的最后阶段——衰老期。

茶树是多年生木本植物，在条件允许情况下可以存活数十年、上百年，甚至更久。但要注意，茶树的生物学年龄的延长，不等于其经济树龄的延长。

茶树确实可以活得很久，但是具有经济价值的时间，大致在40~60 年。

人到了年龄退休，既是对于劳动者的尊重，也是出于保证工作质量的角度去考虑。

既然人可以退休，那为什么树就不能退休呢？

如果把茶树的"成年期"比作是人的工作时期，那么茶树在"衰老期"就应该享受颐养天年的退休待遇。

现在的所谓"老树"，都已进入了"衰老期"。但是由于"老树茶"受到市场中无厘头地追捧，因此这些"老树"被强制"返聘"回一线工作。但老树的健康程度，远不能与"成年期"的茶树相比。

有时，轻微的病虫害或是寄生植物都有可能要了老茶树的命。在这种不良条件下，还要一把把地薅下老树的嫩叶，这无疑是对老茶树健康巨大的损伤。

　　近些年，由于过度采摘而导致老茶树死亡的事情屡屡发生。2017 年我在潮州的凤凰山的第二高峰乌崆山就见到了一棵有数百年树龄的老茶树——"宋树"孤零零地立在山中，往树上瞧一片叶子都没有。

　　打听才知道，由于近些年市场上追捧"古树茶"，茶青价格也跟着一路飙升。为了能够多卖钱，茶农对这棵老茶树下了狠手。只要冒芽就摘，没冒芽时连少嫩的成熟叶片也不放过。以至于 2018 年春天以来这棵老树就再也没有发芽了。我到乌崆山时已是夏天，可植株上却是光秃秃的。

这棵百年的老茶树最终却是"过劳而死"。

茶好喝与否，取决于品茶者的主观喜好，因此，古树茶的口感优劣，我暂且不聊。这里我们聊聊将"古树茶"作为商品是否可行。

从生物学角度来看，茶树在"成年期"时，不仅产量高而且质量也好。而在"衰老期"，产量势必下降，质量也不见得如坊间传说般的优异。

因此，我从不提倡"老树茶"。因为进入"衰老期"的这些老树，产能下降很快，难以作为大批量的商品出现在市场上。只偶尔在山上茶农家喝到，自觉是一种幸福也就是了。

广东省潮州市凤凰山的单丛古茶树

如今市场上"非老树茶不饮""非古树茶不喝"的论调，背后隐藏着商家利益的炒作。

茶山上，对"古树"的追捧，给老茶树带来的不是精心的呵护，而是竭泽而渔式的利用。人们为满足口舌之欲，真的是将老树逼向死亡。

市场上，对"古树"的追捧，则导致了"以新扮老"的伪"古树茶"如过江之鲫，比比皆是。

谨以此文呼吁，引发大家对于"古树茶"的一些思考。

同时，请让老树茶们顺利退休，安享晚年如何？

高山

高山之上出好茶

前一阵子，带着家里老人去逛 2018 北京国际茶业展。凑巧遇见一位店家，之前听过我在喜马拉雅 FM 上的课程，一眼便把我认出来，热情地邀请我到摊位前喝杯茶。

分宾主落座，这位同学出于礼貌让我点茶。依照着在饭店点菜的黄金原则，我提出要试一试店里的特色。这家店来自台湾，特色自然是台湾的乌龙茶。但品种仍然繁多，于是这位同学便希望我可以继续缩小范围。

"那就喝您家人气最高的那款吧！"我提议。

果不其然，这位同学拿出了一盒台湾高山茶。

的确，高山茶是如今人气最夯、卖价最高、销售最好的台湾乌龙茶了。

其实，又何止台湾茶区呢？

放眼各大茶博会，高山绿茶、高山白茶，甚至高山黑茶，比比皆是。

甭管什么茶，贴上"高山"两个字，茶叶价格起码能多卖三成。

《茶经·七之事》中，最早揭示出了"茶"与"山"的紧密联系。只是与茶相关的故事太过精彩，倒是让读者忽略了很多重要信息罢了。

让我们来重读《茶经》第七章。

其中记载：

《坤元录》：辰州溆浦县西北三百五十里无射山，云蛮俗当吉庆之时，亲族集会歌舞于山上。山多茶树。

……

山谦之《吴兴记》：乌程县西二十里，有温山，出御荈。

《夷陵图经》：黄牛、荆门、女观、望州等山，茶茗出焉。

《永嘉图经》：永嘉县东三百里有白茶山。

无射山、温山、黄牛山、荆门山、女观山、望州山、白茶山，产茶之处皆是名山。

当然，这是一千两百年前的记载。时至今日，这些产茶的名山早已无人知晓。

回看当下，安徽的黄山、江西的庐山、浙江的天目山、四川的蒙顶山、广东的凤凰山、台湾的阿里山、福建的武夷山与太姥山……
高山，仍出好茶。

如今一些茶商，更是对高山茶推崇备至，奉为神品。

你若问他：高山茶好在哪里？

他定会答：喝起来有"气"，品起来有"韵"。

这"气"也好"韵"也罢，看不见也摸不着！

茶很神奇，但却不该神秘！

这样讲茶，会堕入玄虚的危险境地。

我们还是从实际出发，去分析一下高山茶吧。

高山为何出好茶

要说起对高山茶区的了解，我自认为有一定的发言权。几年中我游走于中国的大陆和台湾之间，也走访缅甸和泰国的高海拔茶区。但与我的师伯王方辰先生相比，那可就是小巫见大巫了。

王老师是北京生态文明工程研究院的研究员，常年从事生物科考工作。虽年过六十，却每年有三百天以上在野外考察、研究。

以生态学的视角解读高山茶，也是受王老师的启发。

高山茶品质优异，本可以从科学的角度去解读。又何必借助玄学呢？

若为了让听者觉得有趣，倒是可以用天时、地利、人和三分法

武夷山 · 桐木关高山茶林

讲解。

先说"天时"。

高山与峡谷，有着相互依存的关系。凡有高山之处，必有峡谷存在。就像世界最高峰——珠穆朗玛峰与世界第一大峡谷——雅鲁藏布大峡谷一般，相互陪伴。因此，也有"山有多高，谷有多深"的讲法。

高山峡谷的自然环境，必定会影响光照时间、减缓空气流动、限制气流方向。王方辰老师曾形象地给我举例：高海拔的山坳就像一座天然大棚，营造了有利于植物生长的生态系统。

在此生长的茶树，无论是乔木还是灌木，其茶叶品质都相对优秀。

这一点，我们可以在《茶经》中得到印证。其开篇便讲道：

茶者，南方之嘉木也。一尺、二尺乃至数十尺，其巴山峡川，有两人合抱者，伐而掇之。

茶树，有大有小。可偏是在"巴山峡川"这样有山有川的地方，才有"两人合抱"的大树。这从另一个侧面证明了高山之地适宜茶树健康茁壮地生长。

再说"地利"。

亚洲高山地区的植被垂直分布带，从上至下一般是这样分布：高山灌丛、高山草甸、针叶纯林、针阔混交林、阔叶纯林（包括常绿、落叶乔木）、阔叶灌丛林，等等。这样的环境，最适合茶树的生长。

茶科植物，属于常绿阔叶类。其理想的生长环境是上有矮灌丛、针叶林的庇护，下有更为丰满的植被。《茶经》中所述的"阳崖阴林"，便是这种情况。

茶树理想的生长环境，与高山的生态学环境极度吻合。

当自然降水到来时，雨雪夹杂着空中的微生物孢子、植物花粉、微尘颗粒物、氮氧化物、硫化物，等等，直接落在茶树叶上，作用于茶树的生长。

从山顶流下的水，也携带着大量地表营养物质，滋养着茶树的土壤。这其中包括土壤渗出物质、动植物残体渗出物、腐殖质中大量的微生物混合渗出物，等等。它们与水融为一体，为茶树提供了优质的天然营养素。

高山上优质的生态环境，为茶树的生长营造了得天独厚的地理条件。

最后来看"人和"。

高山上生长的茶树，光健康还远远不够。能成为人们杯中的好茶，才是最重要的事情。

高山茶，为何好喝？

这与高山的独特气候有着密切关联。

众所周知，海拔每升高 1000 米，气温会下降 6 摄氏度。我们爬山时也会感觉到山下暑气蒸人，而爬到半山腰时便会感到凉风习习了。若是在山顶过夜，不带上两件厚衣服则肯定要感冒了。

与人的感受一样，高海拔地区生长的茶树，也必须能够耐受低温。

可茶树与人不同，没有羽绒服和毛背心来御寒。但别担心，植物自有护身秘籍。

在一个标准大气压下，水在 0 摄氏度会结冰，可海水的冰点则低得多。这是因为海水里的盐分在起作用。同样的道理，娇嫩的茶芽靠增加芽内汁液浓度，来防止低温冻伤。

芽内汁液浓度越高，茶多糖、氨基酸和儿茶素含量就越高。这些营养物质，一方面保护了茶芽和茶叶不被冻伤；另一方面也为茶汤增添了甘甜、滑润、醇厚的口感。

茶多糖和氨基酸含量的大幅度提高，能弱化茶多酚和咖啡碱的苦涩感。再加上茶多糖和氨基酸溶水速度慢，所以高山茶也就变得更为耐泡。

高山出好茶，确有一定的道理。

高山好茶误区多

当然，"高山"只是一个文学性的描述。到底山有多高，才算作高山呢？

回答这个问题时，我们要分情况讨论。这就犹如你问我，多少分可以考上北大呢？那我得先反问，你是哪个省的考生一样。

不同的省份，分数线自然不同。不同的茶区，对于高山的定义

缅甸公明山万亩茶山

也不完全相同。

粗略划分，北回归线（即北纬 23.5 度）以南，海拔 1600 米算作高山；北回归线以北至北纬 26 度地带，海拔 1200 米算作高山；北纬 26 度以北，海拔 800 米以上就可算作高山了。

刻舟求剑，不是科学的茶叶观。

我们接受商家对高山茶的宣传时，要搞清楚这款茶叶所在的茶区。举例而言，台湾中南部地区，海拔 800 米的山算不上什么稀奇。可若是换成广东的凤凰茶区，生长在海拔 500 米以上的凤凰单丛就可算作质量优异的高山茶了。

当然，茶区海拔的高低并不是高山茶优劣的必要条件。否则，珠穆朗玛峰上才该出产顶级好茶了。

除此之外，茶商有时候还会对"高山出好茶"加以延伸。摇身一变，篡改为"只有高山才出好茶"。

针对这句话，能马上举出反例。

我国的江南茶区，大体可归为低山丘陵茶区。可是这一茶区，不仅产量高而且名茶辈出。论名气，论品质，也都绝对可与高山茶媲美。

原因何在？

低山丘陵茶区，多数种茶历史悠久。茶树种植面积大，品种丰富，便于管理。再加上温湿度适宜，小气候理想，十分适合茶叶生长。若是茶区周遭环境良好，水源丰沛，那一样也可以生产出名优茶种。

江南茶区茶叶口感鲜活、清冽、甘甜。虽不及高山深谷的醇厚绵长，但却自有灵动爽朗的风格。与高山茶比，各有千秋。

说起高山茶的好，有些人会抬出"氨酚比"来举例。所谓"氨酚比"，即是氨基酸和茶多酚的比值。这个数字越高，证明氨基酸含量越高。这个数字越低，证明氨基酸含量越低。

氨基酸，是茶中鲜味之源。

高山茶的氨酚比高，因此备受推崇。

殊不知，若是做成发酵度高的乌龙茶，抑或是全发酵的红茶，则氨酚比低的茶青才更适合。所谓"高山乌龙"，一定要做清香型。而高山茶青，做红茶滋味轻薄寡淡，更算不得好茶了。

最近一阵子，我担任了北京市残疾人职业技能大赛茶艺组的裁判员。来这里参赛的选手，皆是残障人士。量身为他们打造的教学，加之数倍于常人的练习，使得每一位选手都在赛场上仍绽放出了自己的风采。

作为茶艺师，他们天资不足。

但如今的水平，却绝不输给任何一位正常人。

如何做到？

答：用心习茶。

看着选手们的风采，我们又何必去迷信所谓"天赋异禀"的高山茶呢？

高山，确实能出好茶。

好茶，却不都出在高山。

归根到底，好茶，还是出在巧手匠心之间。

陈皮

大红柑与小青柑

才春天没多久，竟然说热就热起来。天气一热，夜宵饭局也越来越多。烤串、火锅外加小龙虾，一顿接着一顿。吓得我，赶紧翻箱倒柜找出了大红柑普。

饭桌上拿出来，本是想给大家解解油腻，没想到反引起一番讨论。

一位朋友率先夸赞："杨老师就是厉害，你们看看，人家喝的小青柑个头真大！"

"不光个大，颜色好像也和小青柑不太一样耶"！另一位朋友补充道。

我心里暗想：可不是不一样嘛，大红柑与小青柑根本就是两种茶嘛！

　　这种差别，可不光是大与小的差距。

　　其实不管是大红柑，还是小青柑，都是茶与柑果皮的结合。而说起茶与柑橘果皮的结缘，在世界首部茶学专著《茶经》中便有记载。《茶经·六之饮》中写道：

　　或用葱、姜、枣、橘皮、茱萸、薄荷之等，煮之百沸，或扬令滑，或煮去沫。斯沟渠间弃水耳，而习俗不已。

　　文中明确指出，橘皮与茶可搭配在一起煮饮。虽然茶圣陆羽批评这种行为不入流，但他也感叹"习俗不已"。由此可见，橘皮配茶的做法兴起于"前《茶经》"时期。到了陆羽生活的唐代中期，仍然非常流行。

　　但要注意，这时还只是简单将橘皮与茶搭配在一起，并不做任何工艺上的再加工。这样的混搭，一直延续到了二十世纪九十年代。

　　据原广东省茶叶进出口公司副总经理桂埔芳老师回忆，国营时代曾有大批"橘皮普洱"出口。所谓"橘皮普洱"，即是将橘皮切碎后掺入普洱茶中，两者搅拌均匀后即可分装出货。不得不说，这种做法颇有《茶经》遗风。

　　出口产品"橘皮普洱"，与"大红柑普"都是果皮与茶叶的搭配。但两者在工艺及风格上，却又有着很大的不同。

　　"橘皮普洱"是将果皮切碎拌入茶中，再以散茶的形式销售。

柑韵普洱

而如今的"大红柑普",则是将大红柑掏空后填装普洱茶。最终的成品,是一颗一颗饱满的果实。

果中填茶的做法,并非广东新会首创。这种工艺,最早起源于闽南地区。

闽南一带流行一种柚子茶。就是把成熟的柚子掏空,然后在里面塞上乌龙茶。经过所谓"九蒸九晒",制好后再进行陈化。喝的时候,取一些茶叶再掰一些柚皮一起冲泡。有很好的止咳化痰效果。

二十世纪,很多农村地区的家庭,虽然未贫至无衣食的地步,但也只能果腹御寒。有个头疼脑热的时候,便以茶为药。这种"柚子茶"一般不作为商品,而是老人给自己儿孙们做的"良药"。以至于很多闽南人一提起这种茶,总是想到自己的爷爷奶奶。

新会地区,本只出产陈皮。但自 2010 年前后,开始效仿闽南柚子茶,以红柑中填塞普洱茶,从而做成柑普茶。

三陈搭配妙处多

比起之前出口的"橘皮普洱",大红柑普茶不光是造型的变化,工艺上也有了质的提升。

之前的做法,只是将橘皮切碎后与普洱简单混合,最多只能算是拼配。而大红柑普,则是将陈年普洱茶装入掏空的柑果内,再以晒烘结合的方式干燥。再入库封存数年,使得果香与茶韵进行结合。

不同于拼配，大红柑普的工艺更类似于"窨制"。

与北方常喝的茉莉花茶类似，大红柑普的制作也利用了茶叶良好的吸附性。茶叶为疏松多孔物质，内部有很多细微小孔。微观环境下看，有点像人的毛细血管。这些细微孔洞，容易吸附空气中的水汽和气味，是物理吸附的基础。

除此之外，茶叶内含有棕榈酸和萜烯类成分。这类物质本身没有香气，但具有较强的吸附性能。他们可以吸附空气中的各种味道，具有"定香剂"的作用。

家里的茶叶，一不留神就会串味变质，也是上述原理所决定。

要说制茶人实在聪明，总能化腐朽为神奇。茶爱吸味，本是让人头痛的事情。匠人却巧妙利用茶的吸附性，让其远离异味而亲近香气，从而做出各种样式的再加工茶。

大红柑普的制作，便是利用了这一原理。

当年出口的"橘皮普洱"，多是销往欧美市场。洋人嗜香，因此多选用新鲜果皮掺于普洱中。这样的茶乍一闻香高，但实则香不入水。销给西方市场也就罢了，却绝难俘获爱茶人的味蕾。

上等的大红柑普，应采用"三陈"的工艺。所谓"三陈"，即用年份陈茶，配以正宗新会陈皮原料，两者结合再加以时间陈化。"三陈"结合，方能彰显大红柑普的魅力。

由于是成熟果实装填，因此一般大红柑普的重量都要在 30 克上下。可不要一次性都丢进茶壶，那就要闹笑话了。以150毫升水为例，取6克茶再掰上2克陈皮一同冲泡即可。

沸水冲泡，茶汤色泽深紫，又泛着一丝酒红。茶汤划过口腔，能够感受清淡的柑子气味，细腻而持久。繁复多变的馥郁果香，刚好可以将陈年普洱醇而无香的口感加以平衡。宜人的果酸，将茶的甘甜修饰得更富于层次感。

陈年茶加上陈皮，口感结构扎实，醇黏酽甜，又非一般普洱茶可比了。

现在流行的小青柑，虽也是果内填茶，但却不具备"三陈"的特性。干茶倒有果香，但茶汤却味道单薄，气若游丝。

两者相比，高下立判。

陈皮配茶功效足

我平日饮茶，只喝大红柑而拒绝小青柑。

一方面，二者口感殊异。更为主要的是，青柑与红柑功效天差地别。

日常教学中，很多同学都会问我茶与健康的话题。什么体质喝什么茶？什么季节喝什么茶？什么病症喝什么茶？

我总劝大家，喝茶时心态大可放松。

茶有药性，但不可当药去看待。

所以我们喝茶得去茶店选，而不能去药店买。

茶性温和，既不可能马上治病，也不可能快速致病。

柑普茶，则更具备药效。为何？因为橘皮自古便被医家关注，是一味地地道道的药材。《神农本草经》中记载：

橘柚味辛，温。主治胸中瘕热逆气，利水谷。久服去臭，下气通神。一名橘皮。生南山川谷。

先人起初对于橘皮的认识较浅，只是说出其具有药效，但青红柑没有加以区分。不管是青柑还是红柑，两者皆是药材。都称橘皮。

《神农本草经》使中国人知道了它的药用价值。

由于用药的发展，橘皮出现了黄橘皮（陈皮）、青橘皮（青皮）之别。陈嘉谟《本草蒙筌》记载：

青皮，陈皮一种……因其迟收早收，特分老嫩而立名也。

理论上，青柑与红柑属于一个树种。这有点像白毫银针和白牡丹、寿眉之间的区别。

根据老嫩程度，有了不同的命名。

不光名称不同，二者的功效上也有很大差别。这里面涉及的中医药理学知识，我不敢妄言。凑巧我的学生张楚楚，为北京中医药大学中医专业硕士研究生。请她帮忙收集中医文献，梳理出青柑与红柑之别。

小青柑虽为晚近出现之品种，但我国中医对于青柑的利用却由

大红柑普

来已久。据《本草经疏》记载：

> 青皮，性最酷烈，削坚破滞是其所长，然误服之，立损人正气，为害不浅。凡欲施用，必与人参、术、芍药等补脾药同用，庶免遗患，必不可单行也。

由此看见，青皮确是一味药材。换言之，以青皮为原料的小青柑，也一定具有药效。作为一味药材，青皮有着自己独特的药性。要喝小青柑，一定要了解清楚药效后再饮。

据文献记载，青柑性最酷烈、削坚破滞。在中医临床应用中，小青柑的原料青皮具疏肝破气，消积化滞之功，用于胸胁胀痛，疝气，乳核，乳痈，食积腹痛等症。经典名方如木香顺气散、青皮丸、枳壳青皮饮和大应丸中均有青皮。

由此可见，小青柑看起来很可爱，实则其中暗含着一剂猛药。

大红柑普所用的陈皮，有理气健脾，燥湿化痰之功，用于胸脘胀满，食少吐泻，咳嗽痰多等症。经典名方如二陈汤、苏子降气汤、六君子汤、温胆汤、平胃散等均以陈皮为主药。

青皮与陈皮不能同日而语，小青柑与大红柑绝不能混为一谈。

很多茶商冒用文献，混淆人们视听，将陈皮与青皮的效果混为一谈。他们把青皮、陈皮所有的药效一股脑都归于小青柑名下，这显然有夸大事实、混淆视听的嫌疑。但只要翻阅中医文献，就会发现二者的差别。

若真是说温味健脾，强胃消食，燥湿化痰，那还得是饮大红柑普才行。再加之陈皮性温和，老少皆宜，适应人群更为广泛。小青柑偶尔为之无伤大雅，但若把中药"青皮"当口粮，我想就是大夫也不能答应吧？

喝茶，虽是随心，但不可马虎。也要讲求科学的态度，总不能因为喝茶伤及了身体。

中药店里的青皮

焙火

焙火茶，等于劣质茶？

　　在有些人的印象中，我国的台湾地区较之大陆，对传统的东西似乎更亲近。可单在茶这一项而言，台湾却是一直在不断创新。从字义上讲，"创新"本是褒义词。但以实际情况而论，则又不都是如此。

　　茶本应是各具特色，口味上轻重有别。可近些年的台湾茶区，"绿茶化"趋势泛滥，茶越做越轻。萎凋轻、发酵轻、汤色轻、口味更轻，当然也就更谈不到焙火了。甚至于有的老板会告诉顾客，凡是好茶一定要做成轻发酵的风格。这就好比吃鱼，难道肉质新鲜就只能清蒸？不能红烧？

　　反过来讲，在某些主营轻发酵乌龙的茶商嘴里，凡是拿去焙火的茶，多半质地就如同冻鱼般不新鲜。"你们知道吗？那些被放坏了的茶！拿去焙一焙，搞得乌漆麻黑，就可以蒙骗游客了。"

久而久之，茶界甚至有了一种谬论：焙火茶等同于劣质茶。

焙茶工艺有千年

其实"焙火"，可谓是最早的制茶工艺之一了。这种工艺有多早？早在陆羽所在的时代，焙火工艺就已经十分成熟了。难不成早在唐代，就需要焙茶蒙骗游客了不成？自然不用。殊不知，焙茶不仅不是作为手段，反而是茶汤风味形成的必要工艺。

正确认识"焙"这种工艺，有利于我们分辨茶叶的好坏。《茶经 · 二之具》记载：

焙，凿地深二尺，阔二尺五寸，长一丈，上作短墙，高二尺，泥之。

由此可见，当时的"茶焙"要挖地修建。换句话讲，"茶焙"是半永久性而绝非临时性。为何如此？因为想制好一款茶，绝离不开焙茶的工艺。

茶叶的制作，简言之就是鲜叶失水的过程。因为只有失水，茶叶才可以长久地保存下去。这一点，和中草药的炮制道理相通。我们按药方抓药，拿到的大都是干巴巴的药材。中医方剂中，专门有一种"五汁饮"。用的就是五味新鲜药材熬制，但对于一般人，想取得这五种新鲜的药材几乎不可能。只有将鲜药脱水，才可以防止腐败变质，从而运输保存。

因此，茶叶制作的各个环节，也都是变着花样地让鲜叶失水。例如前期萎凋、中间蒸青或者炒青，再加上焙茶，其实本意都是一样的。

茶叶的焙火，一般出现在两个环节。第一，就是茶叶即将制作完成之前。《茶经·三之造》记载：

> 晴，采之，蒸之，捣之，拍之，焙之，穿之，封之，茶之干矣。

由此可见，焙茶的工艺是在蒸青、捣烂、成型之后，在茶叶包装完成之前。用"焙"的手段，最后一次除去茶中的水分，从而得以"封之"。

换句话讲，"焙茶"是成品茶完成前至关重要的一项手段。如今台湾乌龙，大都舍弃了焙茶这一项工艺。坦白讲，这种对于工艺的精简算不上一种进步。未经焙火的乌龙茶，充其量也就是半成品罢了。

"焙茶烟暗"隐喻多

焙茶，不仅出现在成品完成之前，有时候也可以成为一种"跟踪服务"。唐代诗人顾况《过山农家》写道：

焙火后的茶

板桥人渡泉声，茅檐日午鸡鸣。

莫嗔焙茶烟暗，却喜晒谷天晴。

这是一首少见的六言茶诗，风格清新而质朴。其中的前两句，可以看作各自独立而又紧密衔接的两幅图画：作者渡桥闲游，看到一派农家风光。诗中有画，画中有人，耳闻其声，眼观其色，处处体现着一派祥和之景。

其中"茅檐日午鸡鸣"一句，点了《过山农家》的题目。走进山农家中一看，原来人家正在忙碌。"莫嗔焙茶烟暗，却喜晒谷天

焙火乌龙茶汤

晴。"这两句一般都被简单地理解为是山农对诗人表示歉意：因为焙茶将家里弄得乌烟瘴气，又赶上喜人的大太阳天，正好晒晒谷子，实在难以分身招待。

殊不知，这两句诗却恰好道出了"焙茶"的奥秘。天晴令山农大喜，急忙翻晒谷子，证明近些天来一直阴雨连绵。也只有在空气湿度大的时候，点火烧炭才会容易起烟。所以"焙茶"以至于"烟暗"一句，也可以证明雨后初晴的事实。

也就是讲，这首诗中的山农焙茶，并非是必要的制茶环节。只是由于连绵阴雨的天气，使得茶叶受潮，从而用焙的方式去除茶中的水气。这种对于茶叶的处理方法，千年后的今天仍在沿用。很多有年份的茶叶，看似风烛残年，经过焙茶师傅的巧手细心，老树新花，大放异彩。

顾况于至德二载（757年）登进士第，推断起来与陆羽应为同时代之人。由此可知，早在唐代人们就已经熟练而广泛地"焙茶"了。有时在茶叶制作环节，有时则是在茶叶保存环节。

意外收获口味佳

起初人们焙茶想法单纯，就是为了去除茶中水分，从而使其在保存过程中不易霉变。可是久而久之，人们发现焙过的茶风味独特，口感也明显优于不焙的茶品。现如今，焙茶工艺仍广泛存在于乌龙、红茶，以及白茶的制作过程中。

我们起初讲到了台湾乌龙的绿茶化，那么就不妨以青茶中的焙茶来讲。夏涛主编的《制茶学》（第三版）中认为：

烘焙是稳定、提高和形成乌龙茶品质的重要工序。烘焙可使揉捻叶中的水分不断蒸发，紧结外形；固定烘焙之前形成的色、香、味和形品质，稳定茶叶品质，使茶叶得以长时间贮存而不变质。

焙茶过程中，在高温的作用下，茶叶中的有效成分进行转化。

焙茶工艺，可有效提高滋味甘醇度，增进汤色，释放香气。

现如今的焙茶工艺，在《茶经》时代的基础上大为发展。像乌龙茶焙茶，就要再细分为初焙、复焙和足干。初焙又称毛火、初烘，复焙又称复火、复烘，足干又称足火。其中毛火温高，时间短，足火火温低，时间长。至于焙茶的具体温度及时间，又要根据茶叶情况而定了。总之，焙茶是一件颇为精妙的手艺。

看到今人对于"焙茶"工艺的误解，不禁絮絮叨叨地讲了许多。其实由于焙茶工艺没落的原因，可以讨论与分析的还有很多，有机会另辟文讨论吧。

鉴别

好茶鉴定有法则

俗话说，好山好水出好茶。

时至今日，茶区的确出现了"景区化"的现象。

一方面，有人认为在原产地买的茶肯定最正宗。另一方面，茶确实也是不错的伴手礼。在旅游的途中买茶，已经成了一件既司空见惯又理所应当的事情。

当你回到家，满心欢喜地冲泡从景区买回来的茶时，奇怪的事情发生了。眼前的茶汤，根本没有在景区店里喝的味道呀。色、香、味无一幸免，简直是天壤之别。于是乎，有的人大呼上当。但是也只能吃个哑巴亏，总不能坐着飞机、动车找人家退货去吧？

很多人遇到的这种问题，总是会牵扯到茶叶"鉴别"的技巧与知识。我们不妨先来看看茶圣陆羽是如何挑茶的。《茶经·三之造》中记载：

> 或以光黑平正言嘉者，斯鉴之下也；以皱黄坳垤言佳者，鉴之次也；若皆言嘉及皆言不嘉者，鉴之上也。

依照上文所述，陆羽将茶叶鉴别水平，分为了上中下三个级别。我们不妨对号入座，看看自己处于什么水平之上。

不管茶叶是"光黑平正"还是"皱黄坳垤"，都还算是从外表观察来判断好坏。茶圣陆羽认为，如果单纯从干茶颜色及整洁程度来判断，那只能算是下等或中等的鉴别方法。只有能进行综合判断，并且准确"皆言嘉及皆言不嘉"的才是上等鉴别方法。

放下《茶经》，我们回过头来继续聊景区买茶的事情。

咱们先说主观因素，再谈客观问题。

大家出门旅游或走访，会有购物的欲望和冲动。有一年我给北京市旅游委的金牌导游上课，从学生那里得知"吃住行游购娱"为现代旅游产业六大要素。难怪有的导游底气十足地说"不购物的旅行是不够完美的旅行"了。

很多人买茶时，就是被自己旅行中愉悦的心情所左右了。游客到了茶区，远看层峦叠嶂，近闻茶香四溢。欣赏着田园风光，呼吸着新鲜空气，再加上"热情好客""原生态十足""能说会道"的店家，心情自然大好。

普普通通的茶汤，能喝出琼浆玉液的感觉。

等从景区回来，面对因出门旅游而堆积如山的工作与家务，可能就算真是琼浆玉液，你也喝不出个所以然了。

除去主观因素，"景区茶"客观上也存在着一些容易被人忽视的问题。

景点买茶误区多

首先，很多人就犯了"以貌取茶"的错误。由于景区茶店接待的人，都来也匆匆去也匆匆。人们挑茶，首先是依靠视觉判断。因此，条索整洁、包装精美的茶才最容易吸引人。久而久之，商家也觉得茶的质量并不重要，而是更愿意在茶叶外观和包装上下功夫了。

我在台湾茶区，就发现了这种"旅游茶"。半球形的乌龙茶，总想做成美观紧结的外形。为了便于揉捻，茶农就常采下成熟度不足的嫩芽。往往做成绿豆大小的颗粒，看起来讨喜，喝下去却伤胃。

至于包装，更是一大陷阱。云南茶区，这种现象尤为严重。不管是昆明、大理还是西双版纳，景点周边家家都卖普洱茶。而所有的普洱茶饼上，几乎都用最大号的字写着"古树""纯料""高山""老茶"等字样。有时候，包装设计费可能比茶饼还要贵。

更有趣的是，这两年我在福鼎的白茶市场上也常看到"古树""纯料""高山"等字样。试想，福建的山能高到哪里去？福鼎的白茶树，莫不是也动辄成百上千年的岁数？

东施效颦，古今一理。

另外，有些卖茶人喜欢打出"本地人卖本地茶"的旗号。我在西湖龙井的茶区，就曾见过茶店老板将自己的身份证放大后挂在店里。从而，标榜他所卖茶叶的正宗。实话实说，我从未怀疑过他身份的真实性。

但是请注意，他是龙井村居民，和他的茶是优质龙井茶之间，没有任何必然联系。

部队大院长大的孩子，当然很可能入伍参军。但是你不能说，从部队大院里长大的孩子就是军人，而且还是战斗英雄。至于在云南茶区，穿着华丽民族服装卖普洱茶的店员，其实也是在对顾客进行一种心理暗示。如果你因此而对他店里的茶多了三分好感，那么

云南沱茶

恭喜，你已经中招了。

以上通过干茶外观、茶叶包装，甚至卖茶人穿着打扮，来鉴别茶叶好坏的行为，都属于茶圣陆羽说讲"斯鉴之下也"。

耳听眼见不可信

在茶叶鉴别方面：耳听为虚，眼见也不一定为实。

若想"皆言嘉及皆言不嘉者"，势必还是得开汤冲泡。但是要知道，喝到嘴里的茶汤，可能也会骗人。

首先，景区泡茶的水就有玄机。泡茶之水，贵鲜贵活。很多景区本身就有优质的水源，现打现烧，泡出茶来确实可以增色不少。同样的茶拿回家去，用楼房的管道自来水一泡，自然风味大减。

另一方面，像云南茶区、福建武夷山茶区或是台湾梨山茶区，都处于海拔较高的地带。众所周知，随着海拔的升高，水的沸点在降低。在高山泡茶，水可能在 90 摄氏度时就已经煮开了。用这样不足 100 摄氏度的沸水泡茶，茶汤风格偏向轻柔细腻。但问题在于，水温不够时，茶的缺点也难以显露。

你把茶拿回家，用 100 摄氏度沸水一泡，苦、涩，甚至辛辣感，也就全出来了。

除此之外，老板泡茶的手法也颇多门道。你可以注意观察，景区茶店老板泡茶讲究"一多一少"。所谓"一多"，就是把投茶量增多，大致是正常投茶量的 1.5~2 倍。至于"一少"，则是浸泡时间减少，基本属于"快进快出"。

茶叶放得多，好像显得老板待客热情，可其实，这样"一多一少"就把大部分人蒙住了。这样的泡茶法，短时间内就可以达到茶汤浓度。显现优点的同时，缺点并没有暴露。而且在投茶量足够大的情况下，"快进快出"十余冲都没问题。这样一来，就会给人一种"此茶耐泡"的错觉。

回到家里，3 克茶加上 150 毫升的水，结果很可能就是茶汤寡淡无味。

其实老板并没有调包茶叶，只是泡茶时用了些障眼法罢了。

陆羽《茶经·八之出》写道：

其思、播、费、夷、鄂、袁、吉、福、建、韶、象十一州未详，往往得之，其味极佳。

这里面讲，陆羽没有去过思、播、费、夷等十一个产茶的州。但是有时候，朋友会带给他这些地方的茶，他喝过之后觉得"其味极佳"。

在哪里喝的？自然不是产区，而是自己的茶室。

以我的经验，外出逛店买茶，最好是要一些茶样或是买最小包装，然后自己拿回宾馆冲泡。如果来不及回宾馆细品，那则可要求店家按照自己平时的习惯进行冲泡。毕竟，买茶再多，也不可能附送茶艺师回家。

路，总要自己走。

茶，总要自己泡。

比赛

　　曾经一阵子混迹在时尚圈里，发现大家都爱背"名牌包"。经我仔细观察后发现，名牌包的 logo 设计大有讲究。logo 上的字母，不管是"L"是"C"还是"G"，都一定要越显眼越好。这些 logo 的魅力，在于它有着一种无声的语言。字母越大，代表着音量越大，自然也越容易引起他人的注意。

　　饮茶圈子里，时兴喝"获奖茶"。这种茶的包装铁桶上，赫然地将所获奖项写得像名牌产品的 logo 一样明显。经常在茶叶包装上看到被烫金的"金奖茶"三个大字。光是往那里一摆，似乎就足以让人浮想联翩。

　　看来"获奖茶"，也相当于茶界的名牌包了。

　　你问哪里像？

　　别的不敢说，起码都价格不菲嘛！

这些"获奖茶",都是出自各大茶叶比赛。而说起茶叶比赛这件事,竟然也绕不开《茶经》。

茶圣陆羽,创造了许多茶界"第一"。众所周知,他写就了中国也是世界范围内的第一部茶学专著。如今为大家频繁使用的"茶人"二字,也是他的首创。

其实,陆羽还曾组织过世界上的第一场"茶叶比赛"。

这场"茶叶比赛",由陆羽主办,且由茶圣亲自担当评委。比赛的结果,记录于《茶经》中。而《茶经》为习茶人必读之经典,所以我们也可以讲,千年前被记录下的这场"茶叶比赛"的影响力,算是前无古人后无来者了。

这场大赛结果在书中何处?

在《茶经·八之出》中。

长久以来,我们都将《茶经》第八章看作是一幅"唐代茶叶分布图"。可其实,陆羽在其中着重突出了茶叶"上""次""下""又下"的差异。

因此,《茶经》第八章可以认为是最早的一场"茶叶比赛"记录。具有双重意义的《八之出》,是《茶经》阅读中不可忽略的一章。

如今茶叶比赛办得风生水起,从某种意义上讲是在秉承《茶经》遗风。

当然,中国当代的茶叶比赛模式,兴起于台湾茶区。

二十世纪八十年代前,台湾茶几乎都是外销。茶农将制好的毛茶送到茶行里进行售卖。茶行收到毛茶后，再进行分级、拼堆、焙火等加工。那时台湾卖茶以量取胜，谈不上精细。

此时的台湾茶，还只是粗线条的农产品而已。

1975 年，台湾茶外销受阻，从而转为内销。为了提高茶叶制作水平，刺激内销市场，台湾茶叶的比赛应运而生。翻查档案资料，台湾首次包种茶优良茶比赛，于 1975 年 5 月 17 日在台北县新店农会举办。

此次比赛的目的主要有两点：一、以竞赛观摩方法，辅导鼓励生产高级包种茶以应对内外销之需要。二、辅导改善茶叶运销方式，建立公平交易制度，以确保产销双方之利益。

此次比赛的主要评选标准曾一度被历史掩盖。在我多次走访台湾茶区后，总算查到了第一届"优良茶"比赛的评判标准。当时的

台湾茶叶比赛现场

评茶标准如下：外形 25%，色泽 10%，香气 25%，滋味 20%，水色 10% 以及叶底 10%。应该讲，这还真算是兼顾了茶的色、香、味、形四大要素。传至今日，仍然切实可行。

茶圣陆羽的茶叶评比中，将茶分为了"上""次""下""又下"四等。如今的台湾茶比赛中，奖项分类就更为细致了。比赛设特等奖一名，头等奖 2%，二等奖 6%，三等奖茶 8%。另外，除去被淘汰的茶品外，其余则是优良茶，也算是纪念奖吧。

那么通过举办比赛给茶叶排个名次，到底有无意义呢？其实，茶叶比赛本身是有可取之处的。若是毫无意义，茶圣陆羽又何必在《茶经》中耗费笔墨呢？

据我观察，参加茶叶比赛并获胜，茶农和茶商绝对是名利双收。一方面，特等奖的匾额可以高悬茶室之内。让进进出出的客人看到，

这绝对是制茶人的荣耀。另一方面，茶叶一旦获奖，必定身价倍增。比如，在 1976 年，当时普通质量的台湾茶价格为每台斤（600 克）三百元新台币左右。而入围茶，则可以卖到一千五百元新台币以上。获得特等奖的茶叶，叫价更是高达五千元新台币。就连纪念奖的优良茶，售价也可达到七百元新台币以上，是正常价格的一倍多。

在茶叶比赛的激励下，竞相追逐名利的茶农们从茶树栽培管理、茶叶制造，再到精挑、焙火，每个影响茶叶品质的环节全都会细心管控。也将一年一度（早期比赛很少）的比赛，当作是检验自家茶叶品质的契机。我想，台湾茶叶比赛的目的与茶圣陆羽为天下茶叶排名的初衷，可谓是"虽不中，不远矣"。

可如今的茶叶比赛，渐渐变了味道。本来是一项"惠农活动"，现而今最大的受益方却是主办单位。大部分茶农，成了舞台上的龙套，累个半死，也捞不到什么好处。我曾多次列席观摩过台湾的茶叶比赛，对于其中的门道略知一二，不妨借此机会"多说两句"。

茶农想在台湾参加一场比赛，需要向主办方提交二十一台斤茶。为了比赛茶叶的品质精良，要从毛茶中，仔细剔除黄片、茶梗以及非茶类物质。再加上焙火时损失的分量，参加比赛实际需要准备三十台斤毛茶才刚刚够用。

送交主办方的茶叶中二十台斤直接被封存。倘若得奖，会由主办方特别包装后，贴上奖项标签，当场拍卖。也有时，会返给茶农自行销售。

待评的茶

余下的一台斤（600克），分为二百克的茶样三包。其中一包，与包好的二十台斤放在一起，留着展销会时用于试喝。其余两包共四百克，作为评审样。而实际上，评审过程中最多消耗三十克。那么剩余的三百多克，就被主办单位"笑纳"了。

送来比赛的没有次茶，怎么也得是一千元新台币每台斤左右。像大型比赛，参赛茶多达四千至五千点（一"点"代表一款参赛茶）。那么仅仅是用剩下的评审样一项，主办单位就可以得到两三千台斤茶，价值数百万元之多。

行文至此，各位也就明白了，为何如今会有这么多单位热衷于举办茶叶比赛。

以我的观察，如今台湾主办茶叶比赛的单位大约有四五十个之多。若是再加上近年来各个产销班办的比赛，那么每年春、冬两季的比赛就超过了一百场。仅仅是东方美人茶的比赛，主办单位就有石碇乡农会、头份镇农会、头份镇公所、龙潭乡农会、峨眉乡农会及北埔乡农会，等等。

换句话说，台湾一年光是"特等奖茶"就能产生一百多个。数量之多，令人咂舌。由于主办单位立场不同，请到的评委等级也参差不齐。虽然都叫"特等奖"，但中间的含金量，可谓是"远近高低各不同"了。

有些不法商贩，也想在茶叶比赛产业上分一杯羹。于是，大街小巷又冒出了若干 XX 协会或是 XX 联盟。也像模像样地做了一些包装，再将茶叶贴上获奖的标签，就这样摇身一变，成了奇货可居的获奖茶。对于刚刚入门的茶叶爱好者，这样的"伪获奖茶"颇具杀伤力。

茶叶比赛的初衷，是为了建立公平可靠的交易制度。可时至今日，茶叶比赛却成了茶界众多的陷阱之一。一旦放松警惕，很可能就掉进去了。

也有人讲，可以将靠谱些的获奖茶整理归纳出版，供爱茶人按图索骥。可殊不知，"按图索骥"本身却是略带贬义的词汇。《汉书·梅福传》记载：

今不循伯者之道，乃欲以三代选举之法取当时之士，犹察伯乐之图，求骐骥于市，而不可得，亦已明矣。

伯乐相马，天下无双。可你拿他画的图去相马，则是刻舟求剑的笨办法，只会落得个"不可得"的下场。

与相马同理，识茶不要轻信精美的包装或是奖状。醒目的"金奖茶"三个字背后，很可能是一处温柔的陷阱。

如今，茶叶比赛的风气也传到大陆茶界。龙井茶王、观音茶王、普洱茶王，可谓比比皆是。但请注意，获奖茶不等于好茶，好茶也不一定都要去参加比赛。

以我这个吃货的经验，美食常在苍蝇小馆。同理，好茶也不一定只现身于各大比赛吧。

另一则与伯乐相关的成语，叫作"骥服盐车"，典出《战国策·楚策四》。

说的是有一匹千里马，不知何故落在了商人手里。商人不识货，就让这匹千里马日夜驮运货物。等伯乐见到这匹马时，它早已跑不了千里。甚至连坡道都上不去。后人就用"骥服盐车"，来比喻人才无人能识，被白白浪费。

挑茶，不能光靠眼睛看奖状、耳朵听介绍，最重要的是要靠嘴巴品茶汤才行。

习茶人，既不要做"按图索骥"中的愚昧死板之人，也不应当"骥服盐车"里糟蹋英才的商人。

习茶人，应是识茶的"伯乐"。

卷中
泡茶

茶则

投茶之量讲究多

泡好一杯茶，是一名爱茶人的必要修行。可总能泡出一杯好喝的茶，显然不是一件特别容易的事情。有一位饮茶十余年的朋友经常为自己不稳定的泡茶水平而苦恼。明明是从同一个罐子里取的茶叶，用的也是同一把茶壶，可怎么这茶汤泡得忽浓忽淡呢？

要想泡出一杯风味稳定的茶汤，茶水比例的控制尤为重要。既然没有换泡茶器，那么注水量理论上就没有变化。仔细观察他的泡茶习惯后，发现问题出在了投茶上。这位朋友泡茶洒脱不羁，每次都随意地抓上一把茶叶丢进壶里。有时候担心手不干净，就干脆拿起茶叶罐顺着壶口往里倾倒。

每次的投茶量忽高忽低，泡出的茶汤自然忽浓忽淡了。

其实如果是手冲咖啡，这个问题就不难解决。为了保证稳定性，咖啡师取用咖啡豆时一般都会使用电子秤。不仅如此，测水温的红外温度计、算时间的计时器、量容积的刻度杯都会出现在咖啡师的操作台上。乍一看，还真以为是科学家在做实验呢。

那么问题来了，泡茶中的投茶量究竟如何控制？难不成每次泡茶，旁边还得放一个电子秤？

中式度量美感足

在我们的印象中，动用电子秤属于纯西式的做法。有一次参加一个烘焙体验课，老师将备用的面、糖、奶以及泡打粉等依次上称。每一样配料的重量，一定要精确到小数点后一位。

但中国厨师做饭，很少有人用电子秤量取，更没人用秒表计时。翻开一本菜谱，不乏"少许""适量"一类词的表达。长期以来，人们普遍认为中国饮食文化不重视定量。

其实，中国饮食文化中也十分注重量化。只是，东西方的表达方式不同罢了。明代许次纾《茶疏·烹点》中记载了泡茶之法：

先握茶手中，俟汤既入壶，随手投茶汤，以盖覆定。三呼吸时，次满倾盂内，重投壶内，用以动荡香韵，兼色不沉滞。更三呼吸顷，以定其浮薄，然后泻以供客，则乳嫩清滑，馥郁鼻端。

林宪昌老师为我量身打造的茶则

　　根据原文所写，自投茶注水后，泡茶人"三呼吸时"要有一番操作。随后"更三呼吸"，又是下一轮操作。请注意，古人泡茶出汤并非不需要计时。泡茶人只是没有使用计时器或秒表，而是直接以自己的呼吸来计时罢了。

　　像这样几十秒钟以内的时间，用呼吸计时法足以应对。如果时间较长，中国古人也自有妙招。清代袁枚《随园食单》中，记载了茶叶蛋的做法。其中写道：

　　鸡蛋百个，用盐一两、粗茶叶煮两枝线香为度。如蛋五十个，只用五钱盐，照数加减。可作点心。

　　在这里，计时器换成了"两枝线香"。也就是说，依次烧完两枝线香，茶叶蛋也就煮好了。

由此可见，中国的饮食文化中绝非不重视量化。而且不得不说，不管是"呼吸计时法"还是"线香计时法"，都远比西方计时器更为人性化，也更具有温情。

小小茶则藏奥妙

让我们把视线落回茶事之上。显然，像手冲咖啡那样西式的测量方法，并不完全适合具备东方审美的茶事。其实中国茶，一直有着自己独特的度量方式。

拿前文那位朋友遇到的"投茶量"问题来讲，《茶经》中便有明确的解决方案。茶圣陆羽笔下的中的"则"，就是测算投茶量的神器。《茶经·四之器》记载：

> 则以海贝、蛎、蛤之属，或以铜、铁、竹匕策之类。则者，量也，准也，度也。凡煮水一升，用末方寸匕。若好薄者减之，嗜浓者增之，故云则也。

中国人对于抽象的数字，好像一直不是特别感冒。以其相对，我们的文化更喜欢具体而形象的表达。因此，我们才有了茶则这样的度量器具。以茶则当度量单位，这与一炷香、一盏茶、一顿饭的表达具有相同的文化背景。

当代茶事中，仍可寻觅到茶则的踪迹。与陆羽时代多元材质不同，如今的茶则多是以竹木制作而成。随着历史的变迁，现代茶则也具有了更为广泛的用途。一般来讲，如今茶则在茶事中的用处主要有三点：即取用茶叶、欣赏茶叶与度量茶叶。其中"度量茶叶"为茶则的本职，但如今却最为人所忽略。

其实现代茶事中，茶则完全可以充当电子秤的角色。每一位泡茶人，都应入手一两件顺手的茶则。至于茶则使用的秘诀，其实就是"熟悉"二字。首先，你要知道自己茶则的大小。其次，你要了解不同条索的茶叶，与自己茶则的关系。

像我自己常用的茶则，是特意请台湾竹木器名家林宪昌老师量身打造。林老师看我人高马大，因此特意制了一件又长又宽的木质茶则。8克的高山乌龙，也仅仅能在我的茶则上浅浅地铺上一层而已。至于女孩子用的茶则，可能多是小巧玲珑的品类。那么8克的球形乌龙，可能就要有半茶则那么多了。也就是讲，茶则要灵活使用。

以150毫升的泡茶器为例，投茶量大致为5克上下。那么，初学者可选取若干款自己常喝的茶，先用电子秤分别称量出5克。然后再将相同质量不同体积的5克茶，放入到自己茶则当中。从而，观察定量茶叶在茶则中所占的体积。5克的球形乌龙，可能只占四分之一茶则。但5克的白茶，可能就要占四分之三茶则。时间久了，自然可以通过茶则来衡量出所需的茶量。

从而，也就可以彻底和电子秤说再见了。

台湾林宪昌老师手作竹木茶则

陆羽茶器标准高

有读者可能会问，陆羽时代是没有电子秤，所以才用"茶则"。可我们当代人泡茶，为何不直接向手冲咖啡学习，而要舍近求远呢？诚然，西式手冲咖啡的严格定量原则当然值得我们借鉴。但中国茶事的核心，在于一种有温度的美感。

《茶经》中的"茶则"，材质或金属或竹木或贝壳。取材于天地之间，严谨中不失温度。电子秤，充其量只是工业化生产的度量工具，而经匠人巧手打磨的茶则，却可以成为一件兼具实用性与欣

竹制茶则，此制式适合白茶、古树红茶等。

木制茶则，此制式适合乌龙茶等。

赏功能的艺术品。操作电子秤时，谈不上丝毫美感。巧用茶则，却可使得茶事趣味盎然。两者相比，高下立见。

茶圣陆羽，不光为我们记录了千年前的唐代茶事。《茶经》，更蕴含了中国茶事的美学思想。从风炉到茶鍑，再到一件小小的茶则，皆是蕴含了独特的东方式审美。

兼具实用与美感，可能才担得起"茶器"二字吧？

纯手工茶不靠谱

原来，只听说时尚界有复古的风气。

现而今，没想到这股风也刮到了茶界。

一款茶，一定要贴上"纯手工"三个字。宣传的时候，也要加以侧重。拿乌龙茶举例，一定要手工摇青，而拒绝使用电动摇青机。炒青也最好手工锅炒，而不要使用滚筒杀青机。至于揉捻，最好就是手工包揉，也千万不要使用望月式揉捻机……

总之，一切都要使用"纯手工"。任何机器的使用，好像都会损害茶叶的品质。

问其原因，

答曰：秉承古法制茶。

尊重传统工艺，本也无可厚非。

但古法制茶，就等于"纯手工"吗？

绝非如此。

要真说古法，不妨去《茶经》中去找寻。毕竟，千年之前的方法，总算是地地道道的"古法"了吧？

可是很遗憾，陆羽并不是"纯手工"制茶。

《茶经》第二章，叫作"二之具"。这里的"具"不是指"茶具"，而是指"制茶的工具"。从采茶到制茶，工具大大小小一共十五种。

茶圣做茶非但不是"纯手工"，而且需要大量的工具。

对于这些制茶工具，他是如数家珍。从材质、造型、尺寸到具体使用方法，在《茶经》中都描述得十分清楚。由此可见，茶圣陆羽不仅使用工具，而且可以说得上是熟练掌握。

中国制茶工艺发展到唐代，出现了十几种专门工具。这在中国茶业历史上，是一个重要的节点与亮点。随着制茶工具的不断丰富与改进，中国茶才变得越来越香甜可口。

若真是"纯手工"，那岂不是让历史开倒车？

纯手工，只是商人的宣传噱头罢了。

"全手工"不全靠手

"纯手工"的商业噱头，同样存在于茶器领域。

紫砂壶,也有"全手"与"半手"之别。很多人问我,到底如何分辨两者的不同,是看壶盖?还是看壶身?其实这个问题,一点都不难。价格死贵的,大半都说自己是"全手"紫砂壶。而价格较低的,估计是"半手"的了。

的确,现在市场上"全手"紫砂壶的价格,大概是"半手"壶价格的三倍以上。比如一把"半手"紫砂壶,市场卖价1000元。那同样泥料同样容量的紫砂壶,只要贴上"全手"二字,价格起码3000元起步。

"全手"紫砂壶,真的就比"半手"壶好那么多吗?

其实两者没有本质的区别。

那为什么"全手"壶,却比"半手"壶贵那么多呢?

市场的炒作。

我们不妨先来讨论,何为"全手"紫砂壶。

大家都看得出来,"全手"这词是个简称。这个说法,在正式的学术专著中并未见过。徐秀棠《紫砂工艺》一书中,称其为"传统全手工成型工艺"。但为了方便阅读,后文中我们还是简称其为"全手"。

作为紫砂的优秀传统技法,"全手"本是无可厚非。但是这两个在紫砂壶卖家的嘴里,却变了味道。他们在推销宣传时,着重描述了"手"在制壶过程中的意义。悄悄偷换了概念,把"全手"说成了"徒手"。以至于,很多爱好者都认为"全手"紫砂壶就只靠双手制作。

这就大错特错了。

格斗术里有"徒手搏斗"，意思是说全靠双手击打而不凭借兵器。而紫砂壶的"全手"工艺，则绝不是仅仅靠双手制作。徐秀棠《紫砂工艺》一书中写道：

> 一件紫砂工艺品的成功，要经过十到几十道复杂的成型工序。要完成这些工序，一是要靠艺人们的制作技艺，二是要靠繁多的制作工具，两者缺一不可。

徐秀棠先生，曾在 1995 年，与蒋蓉、吕尧臣、汪寅仙一起获评为"中国工艺美术大师"。连徐先生自己都说，紫砂工艺中"技艺"与"工具"都很重要。可以说，军功章也应是各分一半的了。

由此可见，"全手"制作绝非是"徒手"制壶。再高明的制壶匠人，也一定要凭借工具。就算是紫砂壶界的祖师爷供春在当年创作紫砂壶时也并非是"徒手"完成。明代周高起《阳羡茗壶系》记载：

> 供春于给役之暇，窃仿老僧心匠，亦淘细土抟胚，茶匙穴中，指掠内外，指螺文隐起可按。

紫砂壶鼻祖供春，做的壶应该算是全手工壶吧？那就连他老人家在做壶时也要拿个"茶匙"呢。

由此可见，"全手"紫砂壶绝非全都靠手！

"半手"全靠巧手

那"半手"，又是什么的简称呢？其实，"半手"这个说法更像是俗称。徐秀棠《紫砂工艺》一书中，称这种工艺为"模具成型法"。

我认为"模具成型法"的这种讲法更加科学，也更加贴合这种工艺的核心。"半手"二字，容易让人望文生义，觉得一半的制作是用手工完成的。那么疑问随之而来，另一半呢？用机器吗？

当然不是。

其实不管是"全手"还是"半手"，都是完全靠匠人巧手制作而成。两者，也都要使用工具。所谓"半手"紫砂壶，只是要多用一件工具——模具。

供春紫砂塑像

其实，"模具成型法"并非创新，而是紫砂传统工艺中的一种。最初制作紫砂壶时，供春借鉴了日用陶瓷的成型方法，运用木制模具制壶。周容《宜兴瓷壶记》中曾记载："供春更斫木为模"。

民国时期的一些紫砂壶制作名家，在制作筋瓢货（如鱼化龙壶）时，也多要使用模具。用模具的好处，是提高紫砂壶坯件的制作准确性，提高劳动效率。

当年供春用的模具，多是木质。后来也有紫砂匠人，用紫砂为材质制作模具。而如今应用最多的模具，则是石膏模了。这种技法，全称为"挡坯石膏模成型工艺"。1958 年，正式引入紫砂壶的制作工艺中。此法解决了原手工制作中不易达到的造型困难，极大地丰富了紫砂壶的造型多样性。

这种所谓的"半手"，是将拍打好的泥片、身筒放入模具内调整形状，然后再取出后加工。使用这种方法，可以使壶形更加规范。同时，制作紫砂壶的时间成本也随之下降，更利于紫砂壶在市场中的推广。

由此可见，所谓的"半手"其实也需用手，和机器制作，挨不上半点关系。像我这样不懂制壶的大外行，就算把全套工具摆在我面前，也照样不会做。所以，无论是"全手"，还是"半手"制壶，都靠的是工匠们的巧手。

不管用不用工具，或是用几种工具，把壶做好了才是关键。

据我所知，许多书法家的毛笔多是根据自己的书写习惯特制的。

鱼化龙壶

大家欣赏的是书法，倒是没有人去纠结他到底拿什么笔去写。也没有人会说，拿了上等材质的毛笔写出来的字就不值钱了？抑或是，只有拿着劣等材质的毛笔写好字的才是书法家。

欣赏艺术，何必和工具较劲呢？

至于如今市场的"全手"与"半手"之争，大多也是商人的炒作。"全手"的价格比"半手"的价格高出数倍，坦白讲是不合理的。在泥料相同、壶型相同、容积相同的条件下，"全手"壶和"半手"壶泡茶效果，到底有多大区别呢？差两倍？还是差三倍？我想，应该是效果几乎相同才对。

那价格，又凭什么差出这么多呢？

价格悬殊，反而形成了一种误导。仿佛"全手"才高级，"半手"就不入流了。

可其实，"全手"也好"半手"也罢，都是饱含着诚意的匠心之作。

"工具"实在太重要

其实，人类之所以被称为高级动物是因为可以使用和制造工具。说白了，这也是人和猴最大的区别。全手工的刺绣工艺，刺绣者也需要用针作为工具吧。所以，制作方法越原始，成品就越高级？制作方法越原始，成品就越昂贵？甚至，制作方法越原始，手法就越值得推崇？我想，这样的错误评判标准绝不利于整个行业的进步。相反，这是在开历史的倒车。

制作工具的不断丰富，恰恰是紫砂技艺进步的表现。在中国宜兴陶瓷博物馆，专门辟出了一个展厅展示紫砂壶的制作工具。由此可见，工具在紫砂壶制壶历史中是多么重要。

那现在制作紫砂壶的工具，到底有多少呢？徐秀棠写道：

> 经过历代艺人的不断探索、创新，紫砂手工成型已形成一整套独特的、自成体系的工具，数量有几百种，质地有铜、铁、木、竹、牛角、皮革、塑料等，主要有泥凳（工作台）、木搭子、木转盘、木拍子、竹拍子、规车（矩车）、鳑皮刀、尖刀、明针（牛角制成的薄片）、篾子、线梗等。

紫砂壶制作工具"矩车"

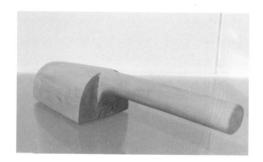

紫砂壶制作工具"木搭子"

喷水壶

从供春时代的茶匙，到如今的数百种制壶工具，紫砂壶的制作工艺也在不断地走向成熟与精细。据老一辈紫砂壶制作匠人讲，当年学徒的第一步，就是要学着自己制作工具。在中国宜兴陶瓷博物馆的制壶工具展厅中，展示着一件制作紫砂壶时需要用到的喷水壶。如今的塑料喷水壶，几毛钱就可以买一个。当年没有如此发达的轻工业，连个喷水壶都要自己拿紫砂制作。也有人开玩笑说，当年学徒一年，就只学会了做个喷水壶，但这确是必不可少的一课。

精益求精，打造一套属于自己的制壶工具，这不也是典型的匠人精神吗？

"全手"，是一种优秀的紫砂壶制作工艺技法，虽然现在已成

宜兴古窑址

为商家招揽生意的噱头。

　　"半手"，是紫砂壶制作工艺的进步，绝不是二流的制壶技法。

　　纯手工茶也好，全手工壶也好，皆是不成立的伪命题。

　　好壶，需要巧手。

　　好茶，皆靠匠心。

将就

这几年，与《茶经》相关的讲座做了不下百场。

每一次开场，我都会先提出一个问题：

"平时，大家喝茶吗？"

一般情况下，会有七成左右的学员举手。

接着我换一个问法：

"生活中，大家喝过茶吗？"

这时候，一定会全场举手。

是呀！作为中国人，又有谁没喝过茶呢？

林语堂先生说过：只要有茶，中国人到哪儿都是快乐的。

的确，饮茶之事，已经深入到国人的基因当中。不分老幼，无论贵贱。

若非要说区别，只是有人喝茶讲究，有人喝茶将就罢了。

要说起喝茶的讲究，恐怕没人能比得过茶圣陆羽了。《茶经》第四章，即是专门讲述茶叶烹煮品饮器具的章节。其中一共记录了多少种茶器呢？《茶经·四之器》记载：

风炉 筥 炭挝 火筴 鍑 交床 夹 纸囊 碾 罗合 则 水方 漉水囊 瓢 竹筴 鹾簋 熟盂 碗 畚 札 涤方 滓方 巾 具列 都篮

以上原文，姑且算是一份唐代茶器目录吧。

其中大字部分，皆是正式的茶器，一共有二十五种。但《茶经·九之略》中曾说：

"但城邑之中，王公之门，二十四器阙一，则茶废矣"

那么这里的"二十四器"，就与实际所列的二十五种茶器不符了。

这是不是《茶经》的讹误呢？

其实并不是。

《茶经·四之器》"罗合"条目下，有"以则置合中"一句。那么既然要把茶则放入罗合之中，那么这两种茶器即可合并为一种去看待。由此，《茶经》前后文的记载，就又统一了起来，还应是二十四种茶器。

而后面括弧里的文字，则是使用该茶器时的辅助用具。例如，风炉要与灰承搭配，碾要与拂末搭配，鹾簋要与揭搭配，畚要与纸帊搭配。若是将这些辅助用具也算上，那实际上应是二十四组共

鎏金银龟盒

鎏金鸿雁纹银茶槽子、鎏金团花碢轴

鎏金飞天仙鹤纹银茶罗子

法门寺地宫出土的唐代茶器

二十九种茶器。

今天喝茶讲究的人不在少数，那么请大家默默数一数茶桌上的茶器，看看有没有超过二十九种的呢？不知道各位读者是否达到，起码我目前还达不到。

论喝茶讲究，当下人比不过陆羽。

但就是这样一个饮茶要用二十九种茶器的人，却又在《茶经》中单独辟出一章"九之略"，用来教我们将就。

《茶经·九之略》中，是教给饮茶人在特定情况下的泡茶之法。

什么是特定情况？如坐在"松间石上"饮茶，又或是"瞰泉临涧"品茶。若是从城中茶轩到了"野寺山院"，还要随身带着二十九种茶器来喝茶，那估计就真的要变成行为艺术家了吧？

在特定的环境下，陆羽自有简约而有效的饮茶方法。

《茶经·四之器》，是在教习茶人由简入繁。

《茶经·九之略》，是在教习茶人由繁化简。

可繁，可简。繁简自如，才是真正学懂了茶中智慧。

回到当下的饮茶生活。相信习茶人的家中，都会有一方小小的茶空间。虽不说是二十四器俱全，那也得满布了众多自己心爱的茶器。在自己精心布置的茶席前饮茶，那真算是身心愉悦了。

但在繁忙的工作生活中，我们到底能有多少时间，能踏踏实实地坐在茶席前喝茶呢？

没有讲究的条件，我们还要不要喝茶呢？

当然要喝！

没有讲究的条件，我们是否还有资格享受饮茶带来的快乐呢？

当然可以！

《茶经》中的智慧，仍然可以对当下的饮茶生活有所帮助。抛开茶席上的讲究泡法，试着在所谓"将就"的条件下泡茶。

不是拥有了名家紫砂壶，才叫会泡茶；不是天天布置出精美的茶席，才叫会泡茶；不是喝着昂贵的名茶，才叫会泡茶……

什么是会泡茶的人？

答：可以在恰当的时间地点，运用恰当的手段，泡出一杯顺口的茶汤。

你、我、他，只要通过认真习茶，都可以成为会泡茶的人。

出门在外常用的快客杯

调整

不尝不踏实

大家听我的茶课，经常是讲着讲着就转到美食上去了。从茶室聊到厨房，很多同行说我把茶课讲俗了。可我们不能否认，茶的确是饮食文化的一部分。

饮食之道，多有相通之处。

像炒菜与杀青，不但原理类似，手法也多有相通之处。相互借鉴，有时真的便于我们更好地理解茶学。因此，我的良师益友之中，不光有茶界中人，更有不少是中西餐的厨师。自贡的余长明老师，就是其中一位。

四川自贡，历史上盛产井盐。因此一度富商云集，繁华程度堪比扬州。那么与淮扬菜对应，自贡也形成了独特的盐帮菜。后因盐

业停顿，城市凋零，自贡菜才随之没落。如今风靡全国的川菜，多是成都菜或是重庆菜，真正的自贡菜反而少之又少了。

我的这位好友余老师，是仅存的几位自贡菜传人之一。他师承川菜名家倪树章，得其真传，深谙自贡菜的精髓。二十世纪八十年代，余老师恢复了老字号蜀江春。三十年至今，生意仍然火爆。手艺怎样，可想而知。

有一次我与余老师，一起拍摄 CCTV10 频道的一档饮食文化节目。其中一个环节是请余老师在镜头下做一道自贡名菜——水煮牛肉。那时正值酷夏，日平均气温在 35℃ 以上。

全摄制组，都希望尽快结束战斗。可拍摄速度依旧不快。原来余老师每次在加料时，都要拿起筷子往锅里涮一涮。认真地嘬一下筷子后，再决定下料的多少。于是这道菜的制作，反复了多次才算拍完。

事后，我和余老师闲聊：

"这道水煮牛肉，您做了多少次了？"

"谁能记得住？这是客人的必点菜，那时每天怎么也得做几十份吧？"

"那您入行四十年，岂不是做了几万份水煮牛肉？"

"应该有！"

"既然那么熟了，还用尝吗？"

"做菜，不尝尝不踏实！"

泡茶如烹饪

其实不管是配料的多少，还是火候的轻重，余老师都拿捏得极准。毕竟几万份做下来，这一切早已烂熟于心。但即使如此，他每次下料或是调火时，仍然有尝一下的"陋习"。或是说，他的每次下料或是调火，都是根据"嘬一下"后获得的信息而得出的判断。

经验要有，但不可尽信。烹饪之法，千变万化。火候的掌握，味道的调整，都是很灵活的事情。机器人能下围棋，但还不能烹饪美食，道理就在这里。

泡茶，从广义上讲也是一种烹饪。毕竟，我们也是通过一定的手段，向宾客，抑或是自己，呈现出可口美味之物——茶汤。因此，泡茶与烹饪也多有互相借鉴之处。

做饭时要尝一尝，那泡茶过程中是否也需要尝呢？

茶圣陆羽告诉我们：需要。

《茶经·五之煮》记载：

初沸，则水合量调之以盐味，谓弃其啜余。

这个操作是唐代的饮茶习惯，与今人习惯迥异。因此这句话，也成了《茶经》中不好理解的内容。从而，为人所忽略。

大致可直译为：水刚开始烧开的时候，是关键的节点。此时要按照水量，放入恰当的盐以调和味道。最后，把尝过的"啜余"丢弃。

所谓"啜余"是尝过后剩下的水。也就是说，放盐调和水味的过程，有可能不是一次性完成。而是要像我的朋友余大厨一样，通过多次尝试加以调整。若是淡了加些盐，咸了可能要再加些水。总之，要调整到刚刚好为止。

通过不断尝试，进行微调，从而保证最终的口感。

有人可能会说，做饭与泡茶，不可相提并论。

若把茗茶视作食材，那茶器自然可看作一种炊具，泡茶人也就如同厨师一般的角色。

我无意去"贬低"茶事，只是希望打破一些故作神秘的说法。用烹饪的视角去解读，会更利于我们泡出一杯好茶。

若较真起来，泡茶是最应该靠"品尝"来"调整"的一种烹调类型。

为何？

我们再读《茶经》。

《茶经·五之煮》记载：

诸第一与第二、第三碗次之。第四、第五碗外，非渴甚莫
之饮。

中国人饮茶，讲究反复冲泡。如上文所说，第一、第二乃至第四、
第五碗，其风味口感并不相同。

以我个人的经验，茶汤口感会经历一个倒 U 字形的变化。即先
是越来越好喝，待达到峰值后再慢慢变为寡淡。

不同的茶，耐冲泡程度不同。像优质的凤凰单丛，能达到十余
冲之多。再加上茶、水、器的互动，泡茶是瞬息万变之事。

泡茶如烹饪，茶汤如菜肴。像余大厨这样的大师，都不敢不品

尝就出锅装盘。换位思考一下，不及时品尝茶汤，真的可以泡好一杯茶吗？

不尝怎么泡

可现如今的茶桌上，经常会有一种怪现象。一些泡茶人机械地重复着注水、出汤、分茶、再注水的动作。周而复始，一成不变。仔细观察一下你会发现，茶艺师拼命给客人倒茶的同时，自己却几乎"滴茶不沾"。泡茶人的杯子里，永远是空空如也。有的泡茶人，干脆就不准备自己的杯子。

难道泡茶是他的工作，喝茶则与他无关吗？

当然，说到这里很多泡茶人就要诉苦了。例如，一天都在泡茶，实在喝不下了。又例如，最近身体状态不好，不适合喝茶。这些理由，听起来也是人之常情，但却都不能成立。

因为，我们需要泡茶人做到的是"尝"，而不一定是大口地喝。只有尝过这道茶汤，我们才能知道下面应该怎么泡。手法是再轻还是再重？水温是更高还是更低？浸泡时间是缩短还是加长？

有时我特别想问一下那些泡茶人，您都没有尝，是怎么知道下一道茶汤该如何处理呢？

纯靠经验？还是也靠意念？

有时候，我又特别佩服那些泡茶时自己不喝的人。因为他们会永远淡定自若，好像根本不会担心自己的茶汤质量，可能是出于自信，觉得自己泡茶技术超一流，也可能是太过超脱，觉得这茶汤和自己没有什么关系。

茶汤好喝，是茶好。茶汤不好喝，是茶不好。

反正里外里，和泡茶人没有什么关系。

相比这些人，我身边的朋友胆子好像都"太小"了。一次在台北的陆羽茶艺中心，拜访教学部门的负责人涂国瑞老师。涂老师为了招待我这远道来客，特意拿来特色的东方美人冲泡。其间，涂老师每道茶都自饮一杯。同时，也在不断问我对于茶汤的感受和意见。我觉得人家可能处于礼貌吧，也没太在意。

转过天来，又碰到了昨天同席饮茶的竹木茶器名家林宪昌老师。他告诉我，昨天涂老师正好感冒，味觉不是那么灵敏。所以我离开陆羽茶室后，涂老师还是惴惴不安。虽然她也认真喝了每一道茶，但生怕自己对味道把控不好，把茶泡糟了。因此又托林老师问我，昨天的东方美人哪里泡得不足。

泡茶人，要有对自己所呈现茶汤负责的心态。

茶的本质，固然很重要。但后天的冲泡，也是同等的重要。一块牛肉，余老师做出来就是正宗的自贡水煮牛肉。我这个外行，做出来可能就是夹生牛肉。那这道菜不好吃，到底是怪我还是怪牛？

茶汤不好喝，是怪泡茶人还是做茶人？抑或是种茶人？

泡茶，自己却不喝的人，是不想对茶汤负责的人。

那这份茶汤，也不会让人有什么期待了！

稳
定

好吃不懒做

记得小时候，大人批评孩子不够勤奋，都会用"好吃懒做"这个词。随着年龄的增长，我机缘巧合结识了不少的美食家。但我意外地发现，这些"好吃"之徒，大都却并不"懒做"。相反，不少的美食家还都是厨艺高手。

例如文物鉴定家王世襄先生，工作之余醉心于美食之道。不光是品菜，王先生的厨艺也非一般人可比。他的独门手艺"烧大葱"，吃过的人无不啧啧称奇。笔者生人太晚，无福享用老先生的手艺。但我身边"吃货"们的手艺，也着实让我佩服。

想想也对，对于味道要求越高，就越不容易得到满足。对于食材的理解越深，就难免突发奇想。指导别人操作，总有点隔靴搔痒

的感觉。到头来，还不如亲自上阵。这样的心理，同样适用于爱茶人。

爱茶人，大抵都喝自己泡的茶。当然，手艺太差或是爱喝蹭茶的人除外。同时，大家也大都喜欢泡茶给身边的人喝。挑选一款自己喜欢的茶，再冲泡出自己喜欢的风格，悦人娱己，是一种莫大的享受。

在"好吃不懒做"方面，茶圣陆羽起到了模范带头作用。《茶经·四之器》中，如数家珍般地记录了二十四组二十九种茶器。《茶经·五之煮》中，又详述了唐代煎茶法的全套流程。《茶经》为后人研究唐代饮茶习俗，提供了极其珍贵的资料。从这个角度来讲，《茶经》具有很强的史料价值。

试想一下，陆羽若非精通茶叶烹煎之人，是不会对各项茶器如此熟悉的。若非亲力亲为，也不可能将煎茶法的各个环节写得如此清晰明了。

陆羽的茶学，绝非道听途说，而属于典型的实践出真知。

《茶经》的珍贵之处，亦在于此。

稳定的发挥

与做饭不同，泡茶之事好像门槛低了很多。因此，爱茶人大都也都能亲力亲为。对于很多人来讲，泡茶无外乎是将开水注入茶器，等一会儿再将茶汤倒出来罢了。要是想用盖碗或玻璃杯这样的茶器，甚至可以省去出汤的环节。水倒进茶器，等一会儿就能喝了。

于是乎，仿佛人人都会泡茶。

可其实，这是一种假象。

与其他技能一样，泡茶同样需要反复的训练以及系统的学习。

举个例子，即使是未经训练的人也很容易扣动枪支扳机，从而完成射击的动作。但射击动作的完成，与命中靶心之间，有着天壤之别。既然胡乱扣动枪支扳机不能算作会射击，那简单重复倒水、出汤的动作也绝不能算作会泡茶了。

每当我讲到这里，总会有调皮的学生反驳说："老师，虽然我不会泡茶，但有时我泡的茶也很好喝啊。"的确如此，胡乱开枪也有蒙中十环的可能性。所以，神枪手才要求"百发百中"。一百次射击，一百次都命中十环。真正的掌握，体现在水平的稳定发挥。

回过头来，我们再说泡茶。爱茶人，先要做到"好喝不懒泡"。在反复的冲泡中，可以更多地认识和体会一款茶。同时，饮茶的乐趣也在冲泡中体现。偶尔一两次泡出了满意的茶汤，却不可沾沾自喜。能稳定地冲泡出满意的茶汤，才是每一位爱茶人学习的目标。

稳定的获得

泡茶的事情，总是知易行难。如何获得稳定良好的茶汤，是很多人习茶时的难题。陆羽《茶经》中，对于这个问题有着明确的阐释。

只是这部分内容，并不在讲述煎茶法的"五之煮"，而是出现在了主讲茶器的"四之器"。因此，倒是经常让人忽略了。

《茶经·四之器》中，介绍一种茶器名叫"则"。唐代是煎茶法，茶在煎煮前要先碾成茶末。则，就是用来取量茶末的茶器。在介绍其用法时，《茶经》中写道：

凡煮水一升，用末方寸匕。

也就是说，用水量为一升时，茶末量控制在一寸正方匙匕。

这个数据公式，自然已经不适用于今天的饮茶生活。但《茶经》原文中，却揭示出了茶汤稳定美味的秘诀——严格掌控茶水比例。

茶汤，是茶与水互动产生的作品。再优质的干茶，也需要以水为载体表现其色香味。我们觉得浓酽的茶汤，既不是茶放多了，也不是水放少了，而多是茶水比例失调的结果。茶汤，是一种动态平衡下的美感。平衡点找到了，茶汤的美感随之而来。

早在1200年前的唐代，陆羽就已经揭示出了这种微妙的动态平衡。时至今日，想获得稳定发挥的茶汤，茶水比例的控制仍然至关重要。

例如我经常出差，在飞机或是动车上的时间很多。旅途环境中，很难做到茶水分离。那么，保温壶就成了我出门在外的泡茶神器。将茶水比例严格控制在1.5:100（即100毫升水对应1.5克茶），即使一直闷泡也不会苦涩。因此，我也将1.5:100称之为"安全比例"，非常适合旅途之中使用。

"安全比例"，还可以运用到办公室的环境中。比如使用一般的马克杯，就很难做到茶水分离。那么用1.5:100的茶水比例冲泡，10分钟后茶叶内的水溶性物质已经充分溶出。由于精确了茶水比例，因此再泡也绝不会苦涩。而10分钟的浸泡时间后，茶汤也达到了适口的温度，此时品茶恰到好处。

今天常用的茶叶审评法，也是基于茶水比例的原则构建而成的。一般情况下的审评是将3克茶叶投入150毫升的审评杯中。因此，3:150（即150毫升水对应3克茶）便是"审评比例"了。当然，"审评比例"多用于对茶的判断而非享受。日常泡茶中，建议采用1:30（即30毫升水对应1克茶）的茶水比例操作。这样的

"日常比例"，更适合多次冲泡品饮。

稳定的补充

也有同学会问，都按照老师教授的茶水比例来泡茶，岂不是千篇一律，没有自己的个性了吗？幸好，《茶经》已经帮我准备好了这个问题的答案。《茶经·四之器》中写道：

> 若好薄者，减之，嗜浓者，增之，故云则也。

原来，前文中"凡煮水一升，用末方寸匕"的标准，并非一成不变。

若是遇到口味清淡的"好薄者"，则这个投茶量可以减少。若是遇到重口味的"嗜浓者"，投茶量也可以增加。一切以人为本，以味道为中心。陆羽虽为茶圣，但他身上总有一种务实的精神，真是谁也学不来的。

今天我们讲到的"安全比例"也好，"日常比例"也罢，都不可看作是金科玉律。习茶时，可将其作为标准手法去练习，从而得到一杯中规中矩的茶汤。这杯茶汤可能稍浓或略淡，但一定具有及格以上的水准。我们习茶的第一步，即是熟练运用"凡煮水一升，用末方寸匕"的标准化茶水比例，保证每一次泡出的茶汤都不难喝。

在达到不难喝之后，再利用茶圣陆羽传授与我们的"增减原则"，将茶汤调整到最适合个人口感的状态之下。正所谓"文无第一，武无第二"，世界上不存在一杯绝对好喝的茶，而只存在饮茶者认为满意的茶。

因此，只有知道了饮茶者的口感喜好，才可顺利运用"增减原则"。自己泡给自己喝，问题相对简单。若是泡茶给别人喝，则最好知道对方是"好薄者"还是"嗜浓者"，从而对于茶水比例进行微调。泡茶，处处体现着对人的关切之心。

说到底，泡茶，本身就是注水、出汤这样的日常小事。参透了《茶经》的智慧，在看似平常的注水、出汤间，蕴含着动态的平衡之美，展现着人际的关切之情。

正所谓："劈柴担水，无非妙道。行住坐卧，皆在道场。"

泡茶虽是件小事，但却值得我们反复去玩味琢磨。

泡茶的乐趣，也就在这反复玩味琢磨之间了。

审美古今大不同

很多字，古今含义变化很大。

例如瘦，上面是个病字头。同类偏旁部首的字还有疮、疤、疼、疲、疯、痴、瘸，还有当代人闻风丧胆的癌。这里面，几乎没有一个是夸人的词。由此可见，瘦在古时也是一个形容病态的字。

虽不说一定要像唐代那样以胖为美，但瘦骨嶙峋的总不是好事。

但是这种观念，到今天已经有了翻天覆地的变化。现在不论男女老幼，都不希望自己太胖。见面第一句，一定要说：感觉你最近瘦了！对方嘴里连连否认，心中却是一阵暗喜。反过来，你要说对方胖了，气氛瞬间就要凝固了。

这种审美上的颠覆，在中国茶的历史上也屡见不鲜。

今天，茶叶外形审评主要包括嫩度、条索、色泽、整碎、净度五个方面。其中茶叶外形整碎，指的就是外形的匀整程度。毛茶基本上要求保持茶叶的自然形态，完整的为好，断碎的为差。我们日常购茶，也都希望茶叶完整度高。

茶叶末子，大家都认为是低档茶的标志。

可是在茶圣陆羽眼里，这茶叶却一定要成末，才堪当好茶二字。唐代的茶，主流形态是蒸青小饼。粉碎成末，还要费一番工夫。《茶经·四之器》中，罗列有不少这方面的"法宝"。像碎茶的"碾子"，筛茶的"罗合"，取茶的"则"。有时候茶饼水分太大，不容易碾碎。由此，还有专用的"夹"，用来辅助炙茶。

由此可见，茶不成末，决不罢休。

茶叶不碎绝不喝

可其实，当时茶叶却也不止这一种饮法。《茶经·六之饮》中记载：

饮有粗茶、散茶、末茶、饼茶者，乃斫、乃熬、乃炀、乃舂，贮于瓶缶之中。以汤沃焉，谓之痷茶。

其实细究起来，这种以汤沃焉的方法，更接近于今天饮茶的习惯。但是当时这种方法，叫作"瘕茶"。带个病字头，所以不像是褒义。毕竟，当时的主流是煎茶法。也就是将茶碾成末，再在容器内煎煮。

这样品饮，大致有这样的考虑：

第一，茶在当时还很珍贵。如何能最大程度地利用茶，是一个很务实的课题。相比起如今只喝茶汤的方法，连吃带喝的煎茶法显然更加高效。

第二，是为了让口感增色。谁也没喝过唐代的茶，这也是笔者自己揣测。但既然是蒸青工艺，自不如炒青工艺来得香气浓郁。用煎煮的办法，很可能也是为了获得饱和度更高的茶汤。

宋代已经对陆羽的煎茶法不甚满意了。与此对应，点茶法在宋代流行开来。陆羽时代的茶器具，大部分都被收入了仓库。黑盏、汤瓶、茶筅，成了更为主流的茶道具。顾渚贡茶已经落伍，北苑贡茶取而代之。正所谓江山代有才人出，各领风骚数百年。唐宋之间，饮茶方式有了翻天覆地的变化。

但不变的是，宋代依旧喜欢喝茶末。

宋代林逋《烹北苑茶有怀》中，对此描述得十分清楚。"石碾轻飞瑟瑟尘"一句，正是加工末茶的真实写照。农民推碾为磨面，文人推碾为碎茶。当时磨茶的石碾很小，做工也十分精致。摆在书房里，完全是一件清供雅玩。而磨茶的工作，也更像是一种游戏。

时至今日，煎茶、点茶都已不是主流饮茶法。末茶，也从受显贵追捧的高档茶，一落千丈成了廉价茶的代表。人们选茶，一定要完整度高的茶。碎茶不上档次，仿佛拿不上台面。

但事实并非如此绝对。

什么茶叶叫高碎

北方人爱喝花茶，其中有一个品类叫"高碎"。沾了个"碎"字，这种茶的身价也跟着一落千丈了。好像只有穷人，才会专门去买装茶剩下的末子。有时候人们会自谦地说："茶不好，就是高碎，您凑合喝。"

可其实，高碎绝不是廉价茶的代名词。

并不是什么茶，都配叫"高碎"！

据北京茶叶总公司的老前辈跟我讲，旧时的高碎非常讲究。并不是什么茶叶末子，拿过来都能叫高碎。享誉北京的京华牌茶叶，当时将产品分了十个编号，其实也就是十个等级。其中1号最低，10号最高。

二十世纪八十年代时，1号茶6元／斤，2号茶8元／斤，3号茶10元／斤，4号茶12元／斤，5号茶15元／斤，6号茶20元／斤，7号茶25元／斤，8号茶30元／斤，9号茶40元／斤，10号茶50元／斤。1号茶与10号茶间，价格相差将近十倍。

所谓"高碎"，是高档茉莉花茶碎茶的简称。因此，一般只有

在京华 5 号以上水平的茶，筛下的碎茶才可以叫作高碎。那时的正经高碎，不管是香气还是汤色都没的说。很多人买高碎，也根本并不是为了省钱。只是习惯了高碎的浓郁口感，割舍不下罢了。

至于低档次茶筛下的碎茶，或是整洁度不如高碎的茶末，则一律成为"高末"。比起高碎，高末就要差上几个等级了。有些饭店，招待用茶多采用这种便宜、色重，但是香气不高，味道较薄，且容易带有苦涩的茶。

若是比高末等级再低，那就是"茶土"了。这种茶土实在太碎了，几乎看不到叶子。说起来，还真是容易达到"石碾轻飞"后"瑟瑟尘"的效果。这是最低档次的茶了，沏出来颜色如同酱油一样，味道也是苦涩不堪。在以前，高碎、高末、茶土之间泾渭分明。不仅价格不同，品饮的心态也大相径庭。

西方人喝茶，讲究一次萃取，不反复冲泡。因此他们学习茶圣陆羽，也会故意将茶切碎，使得茶中内含物质快速析出。喝惯了红碎茶，反而觉得咱们的红茶不够浓强。就如同喝惯了高碎的老人，真是连京华 10 号都看不上。

茶叶外形，永远要服从于口感。

为了口感，我们可以破坏茶叶整洁的外形。

但反过来，为了外形而牺牲口感则是得不偿失。

唐宋之时，为了口感会故意将茶弄碎。这种做法，既是以口感为主导的典型代表。千年之后，仍值得今天爱茶人借鉴与学习。

像"高碎"这样的茶，长期被误解为低档茶。其原因，就在于很多人以貌取人。不一定非要拿出一份"大红袍"，才是真正讲究喝茶的人。不管别人的看法，不受外界的干扰，就为了找寻一份顺口的感觉。

碎也好，整也罢，茶泡给自己喝，而不为给外人看。

其实真正喝懂"高碎"的人，也可算是茶汤忠实的信徒了！

卷下
品茶

苦味

多多少少有点苦

近几年来，我经常受邀到北京的各中学开展茶文化讲座。一方面，普及茶文化自要从娃娃抓起。我虽水平一般，但好在精力充沛，自也义不容辞。另一方面，借着讲座的名义，我倒是常能了解到青少年对于茶的认知状况。

每次课前，我都会提问同学们：大家平时都喝茶吗？

异口同声：喝茶！

大喜过望，再追问：喝什么茶呢？

众口一词：冰红茶！

据我粗略地调查统计，当代中学生接触最多的茶即是"冰红茶"，紧随其后的是"冰绿茶"。至于"茉莉清茶""茉莉绿茶"以及"珍珠奶茶", 也都深受祖国花朵们的欢迎。

为什么选择茶饮料, 而不是去喝一杯真真正正的茶呢? 我得到的答复往往都是:

"茶, 有点苦!"

紧接着提问时, 学生还会略带期许地反问我:

"老师, 有没有不苦的茶?"

让各位同学失望了, 茶汤中肯定要有苦味。《尔雅·释木》中讲"槚, 苦荼"。《说文》解释"茗", 也说是"苦荼"。陈藏器《本草拾遗》中则记载"茗, 味苦平"。按照《茶经》中的记载, "槚""荼""茗"都是茶的别称。由此可见, 茶与苦可谓自古相伴相生了。

茶圣陆羽, 对于茶有一个经典定义。《茶经·五之煮》中记载:

其味甘, 槚也; 不甘而苦, 荈也; 啜苦咽甘, 茶也。

有研究认为, "槚""荼""茗""荈"等词都代表茶, 只是等级质量不尽相同。而"茶"字, 则是优质茶叶的代名词。由此, 长时间以来人们将"啜苦咽甘"一句解释为: 要有回甘, 才算好茶。可若联系上下文分析, 这样的解释其实并不准确。

《茶经·五之煮》此句后, 又有双行小字:

其味苦而不甘, 槚也; 甘而不苦, 荈也。

前后文对照, 好像在解释上有所出入。但是若总体来看, 却又是一回事了。也就是说, "不甘而苦"确实不是好茶。同时, "不

苦而甘"也算不上好茶。只有同时拥有"甘"与"苦"两个要素，才算得上是真正的好茶。

苦，并非茶的缺点，而是茶的特点。

茶为何会苦呢？

这要从形成茶汤滋味的化学物质说起了。茶叶之中，"呈味物质"主要是茶多酚及其氧化产物、茶黄素、茶红素、氨基酸、咖啡因、可溶性糖类、有机酸、水溶性蛋白质及芳香油等。这其中，苦味物质是咖啡因、花青素和茶皂素等。

就一个茶树的枝条来说，往往是嫩叶中苦味物质含量要高于老叶。尤其是芽以下的第一、二叶的咖啡因含量最高，第三、第四叶依次减少。因此，嫩叶茶反而容易泡苦。而像雨前绿茶这样略显粗糙的茶，则反而具有久泡不苦的优点。

若以树种而论，像云南大叶种所含物质就比较丰富，用其制作的晒青绿茶（即市面上讲的普洱生茶），相对苦味就比较重，对于肠胃刺激性也较强。因此这种茶在制作时，需用云南罐罐茶的泡法，或者要经过"熟成"之后，才可以化掉其中的苦味。

虽然说了各种差异，但只要是茶，就一定会含有咖啡因。

换句话说，只要是茶就一定会有苦味。

吃苦本来是美德

我们的文化传统里，对于"苦"一直持一种肯定的态度。长久以来，中国人像爱茶一直热爱"菜根"文化，起因也来源于此。宋代的汪信民就曾经说过：

人咬得菜根，则百事可做。

为什么"能咬菜根"，变成了成功的必备素质呢？原来菜根不仅口感差，嚼出来的汁水也很苦涩。嚼菜根，也就是告诫人们，想"百事可做"则必要吃苦。

大儒朱熹，也认同这种观点。他讲道：

某观今日因不能咬菜根，而至于违其本心者众矣。

也就是说，很多人由于怕吃苦贪享乐最终做出了"违心之事"。

到了明代，洪应明更是写出了一本《菜根谭》。在我小时候，这书还特别畅销。几乎每次去地坛逛书市，都能看到各种版本的《菜根谭》。长时间以来我以为这是一本菜谱。直至看到明代人孔兼的解释说明：

谭以菜根名，固自清苦历练中来，亦自栽培灌溉里得。

原来《菜根谭》，也是教人吃苦的书呀。

近代文学家周作人，曾于1924年写过一篇名为《喝茶》的文章。其中即表明了他的茶叶观：

喝茶以绿茶为正宗，红茶已经没有什么意味，何况又加糖与牛奶？

红茶制作过程中，因茶多酚氧化聚合量大，故滋味厚重醇和。甜滋滋，暖洋洋，是红茶吸引女士的杀手锏。但比起绿茶，少了一股清苦，似乎不合周作人先生的胃口。

这也难怪，周作人先生本就"爱苦"。自己的书斋，就取名"苦茶斋"，自己的文集也取名《苦茶随笔》。怎奈如此"爱苦"的周作人，最后竟让朱熹一句："某观今日因不能咬菜根，而至于违其本心者众矣"说中，不禁令人唏嘘。

今天我们教育学生，仍说要"吃得苦中苦，方为人上人"。而提醒一个人时，则说要"小心糖衣炮弹"。吃苦是美德，嗜甜则要堕落。这些俗语，也都是千年来"吃苦文化"的遗风了。

台湾士林官邸·无我茶会

在中国南方某些地区，孩子降生后接受的第一次教育是"喝苦茶"。长辈会用筷子沾上浓浓的茶汤，在襁褓中的婴儿嘴上一抹。孩子舔到苦茶，自然要哭。但长辈就是要告诉孩子，人的一生就是要学会吃苦才行呀。

茶之苦味，恰恰与中国文化中的"吃苦精神"相契合。

将"茶"与"苦"进行文化上的捆绑，饮茶似乎也成了一种修行。

千百年来，茶备受儒释道三家推崇，很大程度上就是因为茶有苦味。

苦尽甘来是正道

讲到这里，有些非爱茶人士就要质疑了。"吃苦耐劳"的确是中华民族的传统美德。大家"耐劳"也就罢了，怎么还要花钱买茶来"吃苦"呢？

要真是喜欢"吃苦"，那选择岂不多得是？

诚然，生活中有苦味的食物很多。最常见的比如烧焦的米饭，抑或是黄连、莲心等药材。试问有哪位愿意屏息凝神地去细细品味一杯黄连水？抑或是龇牙咧嘴地细嚼慢咽一锅焦米饭？

我们约朋友经常会说：快来我这儿吧，我新得了一罐好茶，就等你来了再泡呢！若单单以苦为美，难不成要换成这样的说法：快来我这儿吧，我新得了一批地道药材，就等你来了再熬呢！

单单论苦，茶汤可比不过药汤。

翻回头来再读《茶经》。

原来好茶不是"不甘而苦"，而是"啜苦咽甘"。

前一段时间身体欠佳，请一位中医界的学生帮我开了几副汤药。咖啡色的药汤入口，我才真是感觉到"不甘而苦"的痛苦。药物之苦，大都也来源于本草当中。但与茶的苦不同，药的苦味极冲。与其说是味觉，不如说是一种痛觉。药汤早下肚，可苦味却还像一个紧结的小球，就搁在你舌头上不离不弃。据我的经验，没有两三个小时这种苦味根本散不尽。

好茶的苦味，则像是一块薄冰。入口时感觉明显，但你稍用力

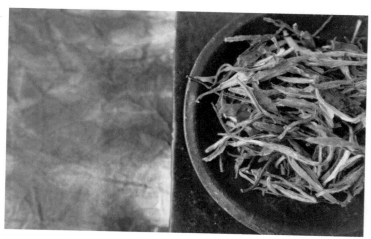

白茶

一呷，这种苦味瞬间消融殆尽。赶紧拿味蕾在口腔里仔细搜查，苦味踪迹不见，剩下的全是丝丝甘甜。别看茶甜，却永不会腻。原因何在？就是融化后依稀残存的苦味，还在起着中和作用。

经茶叶化学方面的学者研究发现，茶汤的奇妙口感也非空穴来风。

原来茶中虽有苦味物质，但若与其他成分搭配在一起，情况则会发生变化。

以绿茶为例，在其味道形成过程中起主导作用的成分是儿茶素和花青素。单纯的花青素较苦涩，但若是与氨基酸配合，就可使滋味有鲜爽感；若是与糖配合，便可产生甜醇之感；若是与谷氨酸酰乙胺、水溶性果胶配合，可有浓厚的滋味。

优质茶叶，能够完成口感逆袭，原因就在于此。

好茶汤，啜苦咽甘。

好生活，苦尽甘来。

闻
香

同行而异室

不知道从什么时候开始，喝茶与闻香结合在了一起。品茶的同时，要是能焚上一炉香，貌似成了非常有品位的事情。很多茶馆，也做起了香道的生意。卖茶也卖香，也算是多种经营吧？

但我想，这两者之间其实很难相通。

有人可能说了，焚香与品茶不都是古代文人雅事吗？

这话说得没错。但是问题在于，一般情况下两者需要分开进行。现实生活不是数学题，有时候1+1≠2，还有的时候甚至是1+1<2。

举个例子，一个人既喜欢提拉米苏蛋糕，又喜欢老干妈辣酱。那他可以把提拉米苏蛋糕作为饭后甜点，把老干妈辣酱作为下饭的调味料。但是再喜欢，也不能把老干妈辣酱抹在提拉米苏蛋糕上吃吧？

边喝茶边闻香，就和提拉米苏蛋糕上抹老干妈辣酱没什么区别。

两个字：不搭！

古代文人的生活中，茶与香确实都是常备之物。但是两者不但没有一起用，甚至还要严格区分开来。明代许次纾《茶疏·出游》中记载：

余欲特制游装，备诸茶器，精茗名香，同行异室。

我们可以看到，许次纾是太喜欢茶与香了。连出门都得带着旅行套装，以便随时享用。但是他明确指出，精茗与名香一定要"同行异室"。也就是说，虽然两者都是好东西，但是不能往一块掺和。

《茶疏·不宜用》中，许次纾还列举了很多饮茶时不宜沾染的元素。这其中，除去恶水、敝器、粗童、恶婢等等之外，还特别提及了"各色果实香药"。把香与粗童、恶婢都放在一块了，可见许次纾对这类物品的防范已经到了"一级警备"的程度。

之所以一定要将香与茶隔绝，其实就是怕串味儿。众所周知，茶具有很强的吸附性。若是吸了周遭的杂味，自然会破坏茶的自然味道。值得注意的是，刚才许次纾防范的还是未点燃的干香。若是点着了，味道只会更大。而茶的香味与香料的味道，完全不在一个调性上。

再好的茶香，也盖不过一盘蚊香。

不信，您可以试试看。

纯粹的茶事

其实明代《茶疏》中关于"香事与茶事"的观点，源于茶圣陆羽。

许次纾参透了《茶经》。

纵观《茶经》，全书没有提及香事。但关于香事与茶事的关系，茶圣陆羽却早已表明了态度。

《茶经·一之源》中写道：

茶之为用，味至寒，为饮，最宜精、行、俭、德之人。

关于"精行俭德"的断句，历来有多种处理方法。

有的学者是连而不断，直接写作"精行俭德之人"。

也有的学者将其一分为二，写作"精行、俭德之人"。

而我则是坚持四字断开，写作"精、行、俭、德之人"。

"精、行、俭、德"，应是陆羽规范习茶人、爱茶人、饮茶人的四种品质。

放下其余三个以后再说，我们先来看看"精"字。

精字，可以解释为"细致"。组词如精密、精细等。

同时，精字也可以解释为"纯洁"或"纯净"。如"精铜"，就是指冶炼纯度很高的铜。

陆羽在后文中，曾明确提到过反对在茶中掺入其他香辛物一起煎煮。陆羽倡导的，是纯粹的茶汤。

那么在《茶经 · 一之源》中的"精"，就完全可以解释为"纯净"或"纯洁"。

茶圣陆羽，将茶提炼到纯粹的高度。茶，绝不仅仅是佐餐伴宴的饮品。茶，也不是胡乱煎煮的土产。

单纯欣赏一杯茶汤所带来的细致享受，不正是茶圣陆羽的夙愿吗？

好香毁好茶

喝茶时所闻的香，只会有两种：质量很好或差强人意。

但不管好与不好，香都不适合与茶并存。

若是香不好，那简直就是赤裸裸的捣乱了。本来茶挺好喝，但是被刺鼻的香味一搅，也喝不出什么所以然了。可若真是好茶配上好香，那在座的宾客就更痛苦了。到底是闻香呢？还是品茶呢？到那时，选择困难症都要犯了。

这就像是有些宴会，会安排伴宴的歌舞表演。若是表演不好看，那等于宾客就要在非常嘈杂的环境下就餐，感受会非常不好。若真是请了明星大腕儿到场，往往大家就会放下筷子认真观演。毕竟机会难得，也真想好好看看大腕儿。回过头来一吃，菜饭都凉了。

一心不能二用。

再怎么说，也得分个主次。但是两者都很好啊，那不管谁为主角，对于另一位来讲都是一种委屈。

我是茶文化工作者，但绝不是与香为仇作对。

反对饮茶闻香，绝不是贬低香道。

相反，我是真的替好香鸣冤叫屈。这么好的香，不该单独找机会欣赏吗？为什么，非得要与其他形式裹挟在一起呢？费解！

泡茶人，应该注意摆正"茶"的中心位置。

所在的空间叫茶空间，就座的桌子叫作茶席，在座的各位也都是爱茶人。那么，我们事事就应以茶为中心。泡茶人，应以泡好一杯茶为己任。同时，营造良好的饮茶环境也是泡茶人的职责之一。

比如，我们一般会选择一个安静的环境泡茶。若是再能有充足的自然采光，窗外再能有点景色，那就更好了。相反，我们一般情况下不会选择在麦当劳这样的快餐店里泡茶吧？嘈杂的环境，配上不时飘来的炸鸡味，肯定对饮茶是种干扰。这种环境，泡茶人是会直接拒绝。

帮宾客排出外界的干扰项，是泡茶人的美德，亦或说是天职吧。

明代许次纾的《茶疏》中，就指出了香乃饮茶"不宜用"之物。

可泡茶人，为何还要将这样的干扰项加回到茶席当中呢？

奇楠香和炸鸡香，在茶席上的作用真的有区别吗？

都是一种干扰罢了。

自信与心虚

最后我们也要讨论一下，为什么当下会有那么多人热衷于茶与香的结合呢？

我贪吃，那就还拿餐饮行业来举例分析吧。平时去五星级酒店参加婚礼，大家会发现婚宴往往不好吃。但是大家也能理解，那地方要的就是个排场嘛。所以除去婚礼或活动，很少有人自己在五星级酒店的宴会厅花钱吃饭。

相反，各地的街边小店，却经常是人满为患。

有些店不仅装潢差，位置还特别偏僻。恨不得是在导航上都搜寻不到的无名小巷里。可是老板呢，就是不想装修也不想搬家。原因很简单，没必要。

至于很多饭馆，却一定要选商业街中租金很贵的旺铺。因为那些店，必须指着铺子的地理位置帮它带来客流量。同时，又指着或华丽或高档的装潢来提高档次。单靠手艺拉来回头客，他们还没这个能耐。

如果茶足够好，泡茶也得法，那茶汤就足以支撑起今天这一席。以茶汤为唯一角色，仍然能完成正常活动，又何必找其他形式助力呢？

至于在饮茶过程中，执意"插播"香事的人，我无权干涉。

但我可以推测：这位泡茶人，并不重视这杯茶汤。

悠悠的香气，一定会使饮茶者的注意力分散。

一杯茶不好喝，可能是茶、水、器的关系没梳理清楚，导致茶汤散乱。

一杯茶不好喝，也可能是现场干扰项太多，导致气氛散乱。

谢绝"非茶事物"，试着让我们的茶汤更纯粹。

毕竟，茶汤才是核心。

好茶为良药

每逢周二，都到北京人民广播电台聊聊茶文化。三年来，我所了解不少之前没有饮茶习惯的北方市民朋友，都开始试着品饮各种茶了。

从无到有，从粗到精，大家慢慢体会着饮茶带来的乐趣。我想，这也算是这档节目的一点点意义吧？

很多新手自从开始决定喝茶后，困扰就随之而来：

茶，到底什么时候喝最合适？

是上午还是下午？是饭前还是饭后？是春季还是冬季？

一连串的问题，其实可以总结为一句话：

茶，是偶尔为之即可，还是适合常饮、久饮？

大众对于茶的谨慎态度，有时很像是在对待医院里大夫给病人开的各种药。拿着药品说明书反复研究，看准剂量和服用频次，生怕出一点儿差错。

毕竟，吃错了药可不得了。

那么，茶是否也应该定时、定点、定量饮用呢？

回答这个问题，要从茶的起源讲起。最早重视茶的人，并非雅士，而确是医家。至今仍有些茶区，供奉"神农氏"为茶祖，这可视作"茶为药用"的残存痕迹了。

最早收录茶的医书，是唐代苏敬等撰写的《新修本草》，即后世俗称的《唐本草》。其文字数不多，文字如下：

茗，味甘、苦、微寒、无毒。主瘘疮，利小便，去痰、热、渴，令人少睡，春采之。苦茶，主下气，消宿食，作饮加茱萸、葱、姜等良。

自此之后，历代医书几乎都将"茶"收入其中。《新修本草》，算是开了茶入医书的先河。

诗人不离茶

同样是在唐代，诗人的生活中茶与药的联系也十分紧密。这一点，在茶诗中可找到线索。如白居易《即事》一诗，有"室香罗药气，笼暖焙茶烟"两句。《早服云母散》一诗，有"药销日晏三匙饭，

酒渴春深一碗茶"两句。韩翃《寻胡处士不遇》一诗，有"微风吹药案，晴日照茶巾"两句。许浑《寻戴处士》一诗，有"晒药竹斋暖，捣茶松院深"两句。这样的诗句很多，篇幅有限不一一列举。

可以看出，"茶"与"药"经常同时出现在唐诗中。这两者，可谓是唐代文人生活的标配。唐代作为中国茶文化的兴起阶段，而唐朝人对于茶的界定仍保留着药的属性。

实际生活中，茶也确实为唐代诗人的健康保驾护航。白居易《睡后茶兴忆杨同州》一诗，即可看做是用茶调节身体的典型案例。诗文如下：

> 昨晚饮太多，嵬峨连宵醉。
>
> 今朝餐又饱，烂漫移时睡。
>
> 睡足摩挲眼，眼前无一事。
>
> 信脚绕池行，偶然得幽致。
>
> 婆娑绿阴树，斑驳青苔地。
>
> 此处置绳床，傍边洗茶器。
>
> 白瓷瓯甚洁，红炉炭方炽。
>
> 沫下曲尘香，花浮鱼眼沸。
>
> 盛来有佳色，咽罢余芳气。
>
> 不见杨慕巢，谁人知此味。

这首诗作于唐代大和九年（公元835年），此时的白居易63岁。

步入老年的白居易，生活方式倒是有点像如今的夜店青年。开头两句便反省自己"昨晚饮太多"，摇摇晃晃地滥饮到天明。熬夜喝酒不算，早上又是暴饮暴食了一餐。吃过之后，原地不动，倒头便睡。诗人文字写得确实美，可这生活方式可真是不值得推崇了。

睡醒之后，估计自己也觉得难受。反正"眼前无一事"，于是开始绕着池塘散步消食。景色优美，天气和暖，不由得白老先生"偶然得幽致"了。随后诗人便开始"置绳床""洗茶器"，待等"炭方炽"后煎茶，最终饮下一碗既有"佳色"又有"芳气"的茶汤。

我们可以分析出，在《睡后茶兴忆杨同州》这首诗中，诗人饮茶的背景是"通宵酗酒"和"暴饮暴食"。既然已经"嵬峨连宵醉"了，醒来后毕竟是昏昏沉沉。据《新修本草》所载，茶"令人少睡"。饮茶，自然有提神醒脑的功效。而茶"消宿食"的功效，又正好与"今朝餐又饱"对症。一盏茶汤下去，估计真是要"与醍醐甘露抗衡"了。

至此推断，白老先生诗中所谓的"偶然得幽致"，也可理解为一种文学处理。又是宿醉又是饱食，不想喝茶才怪呢。

饮茶尊重体感，古今仍是一理。

饮茶功效多

生活中，很多人像白老先生一样的"宿醉""饱食"，身体呈亚健康状态，还懒得去看大夫。有时候忍一忍也就过去了，只是要

难受一阵子。此时此刻，茶正好可以调节身体的轻微不适。《孙子兵法·谋功》中曾讲：

> 百战百胜，非善之善者也；不战而屈人之兵，善之善者也。

身体稍有不适，就用猛药压制。看起来是"百战百胜"，但其实两败俱伤。而日常饮茶，可以将身体的很多病症扼杀在摇篮中。"不战而屈人之兵"，才是最理想的状态。茶的特性，符合中国文化中对待困难的态度。因此，诗人用茶来调节日常。

浙江中医学院林乾良教授，曾依据 500 余种有关资料（绝大部分为古籍，偶有近人医学著作），将其中有关茶叶医疗的内容，总结成了 24 项功效。为了便于记忆，笔者根据辄韵将其编为《茶效歌》，借此机会首次公之于众。全文如下：

> 少睡、安神、消食，
> 明目、醒酒、坚齿。
> 祛痰、通便、消暑，
> 下气、清热、解毒。
> 祛风、解表、治痢，
> 止渴、生津、疗饥。
> 利水、增力、去肥腻，
> 疗疮、治瘘、老少宜。

若真的把茶看作一味药材，茶汤自然也可看作是药汤。那么，在不加任何其他药材的条件下，茶则属于中医理论中所讲的"一味成方"，即一味药材就是一个药方。根据林乾良教授的研究，一味"茶"，即可有数十种功效，这是中西药物中所绝无仅有。由此可见，要是真把茶当药看待，那还算是一味不折不扣的良药。

是药但无毒

民间有句俗语，叫"是药三分毒"。

既然茶可入药，还有那么多的功效，那药力是不是太猛？又能否长期饮用呢？

不少人对于饮茶既慎重又心存质疑，根源皆在此处。

原来茶虽有药性，但在药中却又极其特殊。《茶经·五之煮》中讲：

> 啜苦咽甘，茶也。

一方面，我们可以从口感的角度去理解这句话。好茶喝下去，应有轻微的刺激性苦味，咽下去后又可回甘生津。

但另一方面，这句话也得到了医家的认可与推崇。如《新修本草》中，茶作"甘、苦、微寒、无毒"。而明代李时珍《本草纲目》中，茶作"苦、甘，微寒，无毒"。两书都沿用了陆羽《茶经》"甘、苦"二字，只是顺序略有不同。

从中医理论中派生出的药性理论主要有四气、五味、升降沉浮、归经、有毒无毒、配伍等项。其中五味，即是辛、甘、酸、苦、咸。中医理论认为：甘味多补，苦味多泻。从这个角度去分析《茶经》中所谈"甘、苦"两字，又不光局限在口味上了。

在茶的上述功效中，属功者如清热、消暑、解毒、消食、去肥腻、利水、通便、祛痰、祛风解表，等等。属补者如止渴生津、增力、疗饥、益寿延年，等等。

既甘且苦的茶，是中医眼中攻补兼备的良药。

再从四气（寒、热、温、凉）上分析，其性"微寒"既是"凉"的意思。寒凉的药物，多具有清热、解毒、泻火、凉血、消暑、疗疮等功效。这与医书上记载的茶叶传统功效，也基本符合。

从升降沉浮方面来讲，茶叶也是兼备多面。像祛风解表、清头目等功效属于升浮。而下气、利水、通便等功效属于沉降。从归经（药物作用部位）的角度来说，茶则更为有趣。明代李中梓《雷公炮制药性解》中，称茶"入心、肝、脾、肺、肾五经"。

以一味之药而归经遍及五脏，可见茶的治疗范围十分广泛。再加之茶是"无毒"之物，所以才构成了可以常饮、久饮的特性。

茶瘾何须戒

一个事物接触久了，很容易上瘾。长久以来，我们的文化里对于"瘾"心存戒备。造字时，给他安上一个"疒"字头。时刻提醒后人，要警惕，抑或是远离各种"瘾"。不管是"烟瘾""酒瘾"还是"网瘾"，在现代汉语里也绝都不是什么好词。

茶既可久喝，也可常喝，自然也可以上瘾了。

笔者曾以《全唐诗》为数据库进行统计，与茶相关的诗超过600首。而白居易一人写过的茶诗，就有64首，占唐代茶诗数量的10%左右。由此可见，饮茶在白居易的生活中属于"高频事件"。白居易，可谓嗜茶成瘾了。

从寿命角度分析，白居易享年74岁。在"人活七十古来稀"的古代社会中，白老先生不可谓不算高寿了。饮茶是否能益寿延年，不能单靠这些数据推断。但从白居易的饮茶习惯来分析，频繁饮茶起码没有使其折寿。

茶以中正平和的性情，润物细无声的方式，调节着我们的身心。千百年来的饮茶人，也向我们证明着茶可常饮、久饮。

爱茶之人，倒不如姑且放心大胆地长久饮茶，直至茶瘾及身终不悔。

音乐

后宫佳丽三千人

提起帝王的生活，最为人津津乐道的肯定是后宫了。正所谓，三宫六院七十二嫔妃，外加上后宫佳丽三千人。

这种神仙般的生活，当然绝非一般人所能享受。我们也只能通过文学作品，来脑补一下皇帝的"幸福"了。

至于是不是真的幸福，那只能问皇帝本人了。

其实，我们普通人或多或少也有过这种"左拥右抱式"的享受。

不信？

我来举几个例子。

比如，上学时边听讲边看小说；又比如，到剧场边看戏边嗑瓜子；再比如，茶席上闻着奇楠香，再伴着各种音乐……

大家也都知道，我的本职工作就是一名老师。作为教师，我绝不允许学生在课堂上看课外书或打游戏。这条纪律，我会在每个学期第一节课着重说明。

原因很简单，我在讲台上"啰里啰嗦"，万一影响了学生理解小说剧情可如何是好？要是游戏打输了，是不是也得怪我聒噪？

小说和游戏都是很重要的事情，这份责任我可担不起。我说的这种情况，很可能发生。

毕竟，一心二用实在太难了。

以我个人经验来看，在课堂上偷着读的小说确实忘得快。倒是晚上躲在被窝里看的书，至今历历在目。

原因很简单，前者是分心而为，后者是专心而作。

成效天差地别，显而易见。

茶席自有动人声

话题回到茶，道理也差不了许多。

近些年，我们很注重挖掘中国式的生活美学。挂画、焚香、插花、弹琴、泡茶，这些古代文人的雅事，也渐渐被挖掘整理。

不得不承认，这都是好事。

但若把挂画、焚香、插花、弹琴、泡茶放在一块儿，来一次熟悉的"左拥右抱式"的享受，那就是变雅事为尬事了。

这其中，又以茶与音乐的结合最多。

有一次逛书店，在音像制品区意外地看到了茶曲专辑。开始以为是各地采茶歌的合集，觉得颇有意义。买回去一听大失所望，原来是各种轻音乐放在一起。

可能是因为编者觉得这些曲子适合在茶室内播放，所以取名"茶曲"吧？

但作为一个泡茶人，我并不主张在泡茶、品茶的过程中配上背景乐。

有人会问，一点动静都没有，喝茶难道不闷吗？其实，茶席上的声音很多，只是我们没去关注罢了。关于饮茶生活中的困惑，我们不妨回归《茶经》寻找答案。

陆羽《茶经·五之煮》中记载：

其沸，如鱼目，微有声，为一沸。缘边如涌泉连珠，为二沸。腾波鼓浪，为三沸。已上水老，不可食也。

长久以来，人们都因这段文献，而赞赏茶圣对于煮水火候的把控。而我每每读到这段文字，则更感慨于陆羽听觉的敏锐。

煮水，是每一个泡茶人的日常功课。若不出意外，一天还要重复多次。

但是，又有谁真正关心过水开时的声音呢？

可能也听到过隆隆的声音，但很少有人想着把水开的声音分为三个层次。

按陆羽所说，第一层次，是微微有声。第二层次，是连续而清脆。第三层次，则是波涛汹涌。

描述准确无误，同时兼备美感。

要知道以前没有控温设备，也不存在玻璃器皿。陆羽正是靠听声音，来判断水沸腾的程度。

可其实，即使水到了三沸，也没有多大的声音。也不是陆羽的听力异于常人，而是周遭的环境够安静。安静到足以使心神归拢，从而才能捕捉到这些细微的声音。

我试着按陆羽的节奏，去欣赏水开时的声音。的的确确，绝不逊色于任何音乐。

在潮汕工夫茶泡法中，泡茶人总是将杯子摆弄得叮当响。不管是洗杯、冲茶、出汤还是分茶，他们都丝毫不介意发出声响。所以外人初看潮州泡法，总会觉得颇为"粗鲁"。我也曾为此不解。

有一年在潮州，跟着茶学前辈黄瑞光老先生学做凤凰单丛。五次碰青之间，要有大量等待的时间。于是，我们便天南海北地聊天。也就是借着这个机会，我从黄老先生口中得知了潮州工夫泡法一定要弄出声音的原因。

原来潮汕人认为，饮茶应是全方位的享受。鼻子闻了香气，眼睛观了汤色，嘴巴品尝了味道。只有耳朵，没有什么可以享受，实在遗憾。

于是，潮汕工夫茶偏爱选用高温白瓷，因为这样质地的茶器，碰撞时会发出清脆悦耳的声音，叮叮当当，正好弥补了饮茶时听觉中的缺失。这种响动恰到好处，绝不喧宾夺主。

茶与音乐难结合

也有很多同学问我，泡茶时到底可不可以有乐曲相伴？

我的回答是：可有可无。

不管是乐器演奏，还是人声演唱，乐曲就分为两种：好听和不好听。如果这曲子不好听，那就没必要放了。故意制造噪音，那不是得不偿失嘛。若是曲子好听，我想也不适合在茶席中演奏。

原因也很简单，我们到底是喝茶？还是听曲？

可能有人会说，我们可以边喝茶边听曲，这不就两不耽误了嘛！边喝茶边听曲？这个场景有没有很熟悉？

没错，这就是老式戏楼的风格嘛。

但不要忘了，戏楼是以看戏为主。能不能卖票，全看戏码和演员。若是梅兰芳来了，就是只提供白开水也是观者如潮。若是无名小辈，您就是附送西湖龙井人家都不见得来。

戏为主，茶为辅，显而易见。

即使如此，现在我们观演一般也不设茶座了。如今上到国家大剧院，下到各省市剧场，一般都会谢绝观众带饮料和零食入场。

一方面是出于卫生考虑，更主要是出于一种对艺术的尊重。

音乐家在上面卖力地演唱，下面响起的则是此起彼伏的嗑瓜子声，这多少有点说不过去了。好在现在观众观演素质提高，不文明现象倒是越来越少了。不在现代剧场里面吃喝，也成了大家都能接受的规定。

我们能够尊重舞台上的艺术家，那是否也可以同样尊重茶桌旁的泡茶人呢？

饮茶时，播放悦耳的音乐，总是会使人分心。有时是随手打着拍子，有时甚至轻声哼唱。这就是好音乐的魅力，谁也抵挡不住。可一旦分心，就会或多或少地影响我们对于茶汤的品鉴与体会。茶，被喧宾夺主了。

一杯茶再好，茶少水多谁也不爱喝。味道寡淡，香甜也都散了，有种六神无主的感觉。既然茶不能兑水，那么饮茶的气氛，自也是不兑水的为好。音乐用不好，就起到了为饮茶气氛兑水的效果。

饮茶配乐需相宜

那茶席上或空间里，就一点音乐都不能有了吗？

当然也不是。

只是，我们一定要分清主次。

陆羽在《茶经》中，明确表示自己不接受茶中加入"葱、姜、枣、橘皮、茱萸、薄荷之等"。原因何在？因为会扰乱茶味。可与此同时，陆羽又可以允许茶中加盐。原因又何在？因为适量的盐可以为茶汤提鲜增甜。

由此，我们从《茶经》中可以得到这样的智慧：饮茶之中，所做的一切操作，皆应以茶为中心及出发点去考虑。有益于享受茶汤的行为可做，与茶汤欣赏不宜的事情不可为。

回到饮茶与音乐的话题。首先，音量不宜过强。我们不妨就以不压过水开的声音为标准。其次，音乐与泡茶的节奏是否相合，也是泡茶人需要考虑的问题。

我们今天的讨论，都是以"茶"为中心而展开的。若是为了观演或是洽谈，这杯茶自然也就不那么重要了。那时再听什么音乐，自然也都无妨。但若确定以茶为中心，那音乐自然也应配合着泡茶人的节奏进行。皇帝在台上发言，大臣在台下聊天，这显然是朝堂大忌。

谁为主，谁为辅，必须泾渭分明。

因此，我更推荐搭配默契的现场伴奏。音乐家完全观摩着泡茶人的进度，适时加入一些音调，起到烘托或推进的作用。这又需要音乐人和泡茶人提前的沟通演练，外加高度的默契。当然，这绝非易事。若是还做不到，不用音乐也无妨。

"左拥右抱"，看似享受，实为分心。心分了几份，幸福感就要打上几折。

专情的人，最为可爱。

可其实，专情的人也最为幸福。

喝茶人数讲究多

读书，有时就像是和作者聊天。像我《茶经》读的次数多了，对于茶圣陆羽的性格也似乎是越来越了解。

虽不知陆羽的生辰八字，但我经常会揣测一下茶圣的星座。他不仅对于茶、水、器都如此精益求精，就连喝茶人数也有自己严苛的限制。这种"强迫症"一样的心理，非处女座莫属了吧？

《茶经·六之饮》中，对于饮茶人数这种具体的事情，仍然费了不少笔墨去讨论。其中记载：

夫珍鲜馥烈者，其碗数三。次之者，碗数五。若坐客数至五，行三碗；至七，行五碗；若六人已下，不约碗数，但阙一人而已，其隽永补所阙人。

由于距离我们已超千年，茶圣陆羽到底规定几个人喝几碗茶，学界现在还有争论。但有一点可以肯定，茶圣陆羽认为饮茶人数会直接影响品茶质量。作为主泡人，对于饮茶人数必须做到心中有数。从而，再做出相应的对策。

在日常饮茶生活中，也的确存在这样的问题。乱乱哄哄围坐了一桌子客人，这茶是肯定喝不踏实了。不仅会存在茶不够分的问题，喝茶的气氛也很容易被破坏。你一句我一句地聊起来，茶就真只是解渴的饮料了。

但是，比起选茶、择水、挑器，饮茶人数似乎最不好控制。总不能在茶席旁立上一个大牌子，上面写上限定人数吧？一方面显得不近人情，另一方面也影响茶席的美观。

在控制饮茶人数的问题上，潮汕工夫茶有自己独到的办法。

潮汕地区的三杯茶

潮汕饮工夫茶，讲究"一盅三杯"。也就是一个盖碗，配上三只品茗杯。这样一来，问题就迎刃而解了。三个杯子，那肯定就是三个人品茶。总不能，俩人同时守着一杯茶喝吧？

冲茶盖碗的容积，也多与品茗杯配套。一次冲出的茶汤，也只够三杯茶的数量。您就是自带品茗杯，也很难加入其中了。

显然，潮汕人认为最理想的饮茶状态就是三人对饮。这一点，

倒是也与明代茶学家许次纾的观点不谋而合。《茶疏·论客》中写道:

> 宾朋杂沓,止堪交错觥筹;乍会泛交,仅须常品酬酢。惟素心同调,彼此畅适,清言雄辩,脱略形骸,始可呼童篝火,酌水点汤。量客多少,为役之烦简。三人以下,止热一炉;如五六人,便当两鼎炉。

许次纾更直接,认为乱七八糟的朋友,直接拉去喝酒好了。只有"素心同调彼此畅适"的交心挚友,那才适合喝茶。至于人数,他认为也是三人为限。三个人以下,适合凑在一局。若是五六个人,那就"当两鼎炉"了。

潮汕人,是不是受到了明代茶学专著《茶疏》的启发,这不得而知。他们对于为何要用三杯,倒是有着自己的看法。

潮汕著名的茶文化学者黄柏梓,如今已经年过八旬。他曾经和我说过,这三杯茶摆在一起,像是一个"品"字。潮汕人爱饮浓茶,因此一定是小碗小壶。若是用容积大的泡茶器,一下子能分出七八杯来,那茶气就散了。

黑茶、白茶都可以用大壶泡,但是乌龙茶则最好选用工夫泡法。因此,三个杯子更多的是保证了茶汤的浓度。只有浓度够,这茶才能喝得到位。

潮汕三杯茶

三人聊天最舒服

我在原广东省茶叶进出口公司潮汕支公司经理黄瑞光老人那里，听到的则是另一个版本。

黄老是地道的凤凰镇虎头乡人，自二十世纪六十年代入行，茶业工作一干就是将近 50 年。可以说，他既了解茶学知识，更懂得当地风俗。

按照黄老的讲法，新中国成立前村中事务，大都是由族中长辈开会决定。不论事情大小，都是大家商量着来。而议事过程中，则一定要喝茶。如果看着几个族长相约去喝茶，那就代表着他们有事情要商量了。

既然议事，就难免有意见相左的时候。这时候，一般都是以少数服从多数的形式来决议。但如果是少数服从多数，那肯定投票人数就是奇数。也只有这样，才能杜绝打成平手的局面。这套乡间自治的理论，听起来颇有些现代民主政治的味道。

族中长辈，能够议事的人不会很多。一般情况下，就是三个人一起喝茶议事。慢慢地，这茶杯也就固定成三个了。

诚如黄老所说，在潮汕地区喝茶与社交紧密结合。不管是族中大事，还是买卖生意，一般聊起来都要有茶相伴。聊天这种事，两个人有时容易找不到话题，没聊一会儿就冷场，显得很是尴尬。如果是双方初次见面，更是需要有个中间人在其中穿针引线。

因此，三个人聊天容易聊得比较舒服。

相应，喝茶人数也就变成三个人最为适宜了。

人多点儿成不成？当然也并非绝对不可。但我们都有这样的经验，在场人数只要一多，效果一定会打折扣。因此，企业每次开集体大会，一般都是宣布决定。至于具体商量事宜，一般都是下面开小会完成。不可否认，人数一多沟通效率就降低了，所以这潮汕的品茗杯，也就固定在三个了。

与聊天同理，人数越多的茶席就越难掌控，人数越多的茶会，难度也会越大。气场的把控，纪律的维持，口味的调整，泡茶的难度，无一不是一种挑战。泡茶与做饭，又是一个道理了，三口之家的饭好做，若是大家庭的饭就难些，要是家里再来上几位亲朋好友，那我们就多是选择到外面下馆子了。

为什么？

当然是众口难调了。

每当参加人数众多的饮茶活动时，看着热闹的会场，我就会格外怀念潮汕的三个小茶杯。

待客

人人参与的茶事

茶，是中国人生活里熟悉的陌生人。

熟悉，体现在司空见惯。

陌生，则是指常人对茶的参与度其实很低。

一般人家里的茶，多是亲朋好友的互送礼物。以至于不少人喝了许多年茶，愣是没自己买过。赶上身边有爱喝茶的人，没事就蹭一口。要是没人泡茶，大多数人也懒得自己动手。饭馆的茶水，多是免费赠送。一下子连点单的环节都省略了。至于喝茶的讲究门道，大多数国人其实也都不甚了解。

这里面，只有一件茶事例外。几乎所有人一直深度参与，从小培养，常练常新。这就是"客来奉茶"。

小时候，我生活在北京胡同的四合院里。那时候的人，都讲些个老礼儿。逢有年节，必有亲友来访。不管什么人来了，我的任务只有一个，就是给客人泡茶。

我对这项劳动，从无怨言。那是因为每当我们去别人家拜访时，也一定会受到同等礼遇。时至今日，我给人家泡的什么茶，抑或是人家给我喝了什么茶，早都记不清了。但这里面有一套客气话，我却至今记忆深刻。

主人说："那谁，快泡茶去！"

客人答："您别忙活，坐不住，坐不住！"

主人一定要跟一句："不差这一杯茶的工夫！"

像京剧戏词似的，多是程式化的交谈。搁到今天，这种聊天有了专属名词——"套路"。然而，由不同的人用不同的语气说出口，套话也格外生动。有时候过节频繁串门，就能连续听到三四个不同版本的类似对话，也颇为有趣。

我记得有位急性子的朋友，主人刚说"快去泡茶"，他则已站起身来大嗓门喊出"坐不住"！主人跑过去拉他坐下喝茶，他则已经一脚跨出门了。放在外人看来，真以为是打起来了呢。

现在想想，这才叫真正接地气儿的中国茶文化呢。

古人的待客之道

《茶经》里，几次提到了客来奉茶的习惯。如《茶经·七之事》中引弘君举《食檄》：

> 寒温既毕，应下霜华之茗。

文中讲得明白，宾主寒暄已毕，就应该端茶奉客。

由此可见，客来奉茶，已是古礼。

《茶经·七之事》中引《晋中兴书》的记载，把客来奉茶的故事讲的更为生动。原文记载：

> 陆纳为吴兴太守时，卫将军谢安常欲诣纳。纳兄子俶怪纳无所备，不敢问之，乃私蓄十数人馔。安既至，所设唯茶果而已。俶遂陈盛馔，珍羞必具。及安去，纳杖俶四十，云："汝既不能光益叔父，奈何秽吾素业？"

文中的陆纳，招待谢安用的就是茶果。陆纳的侄子觉得两个大官见面怎么如此寒酸？于是乎，私备了一桌丰盛的酒席。到后来，反遭陆纳责打。

由此可见，以茶待客不仅是习俗，而且是美德。

后来读到茶诗，才知道文人也讲究客来奉茶。宋朝杜耒《寒夜》写道：

> 寒夜客来茶当酒，
> 竹炉汤沸火初红。
> 寻常一样窗前月，
> 才有梅花便不同。

粗粗读下来，感觉和我小时候经历的画风不太一样。看起来，不管是大俗还是大雅，以茶待客的心情却是一般无二的了。

寒夜，本是最为寂寞无聊的了。即使想静静地发呆，也感觉冻得够呛。诗人虽未说季节，但想必不是严冬也是深秋。窗外万物凋零，更是平添了几分伤感。此时有客来访，岂不是正可破解孤闷。

今天拜访朋友，多讲究提前约好。要是贸然登门，打对方一个措手不及，反而是大大的失礼。古人不比今人，联系起来十分不便。因此所谓访友，在今天的人看起来就是"愣闯"。虽然不够周全，但是有一种不可预知的感觉。开门见朋友来访时的惊喜，又是当代人感受不到的幸福了。

由于见面极难，古人会客时间都会偏长。关系稍好，则是一定要留宿的。谁能知道，下次见面又要何年何月了。

由于时间充裕，自然可以慢慢点火煮水。待等"竹炉汤沸火初红"之时，再为客人用心调制一份茶汤。这个过程很慢，当下人甚至难以"忍受"。但在这漫长的寒夜里，时间不就是用来为朋友挥霍的吗？

这时候如果再说"坐不住坐不住"，那"寻常一样窗前月"则不会有任何不同了。

分茶

可爱的西屯女

来之不易，才会懂得珍惜。明代郭登《西屯女》，写的就是这
样一幅场景：

西屯女儿年十八，六幅红裙脚不袜。

面上脂铅随手抹，百合山丹满头插。

见客含羞娇不语，走入柴门掩门处。

隔墙却问客何来，阿爷便归官且住。

解鞍系马堂前树，我向厨中泡茶去。

诗人笔下的西屯女，是一个满头插花、薄施脂粉的小村姑。估计平时家里十分清静，突然来了客人竟然娇羞得说不出话来。小姑娘警惕性不错，并未给访客开门，而是采取了隔墙喊话的方式。当问明情由后，才将客人让进家中。

客人进家，西屯女一通忙活。先是解鞍系马，后是厨中泡茶。这一系列动作，都暗有留客之意。人家这客来敬茶真有诚意，连马鞍子都给解了，你再说"坐不住"也晚了。

是友人来访，还是过路打尖，诗里没细说。但西屯女知道，只要客人出了家门，今生今世不见得再能相见。毕竟，又没留电话也没扫微信，我上哪找你去呀？

一生可能仅有一次相会，暗示了需要全心全意地投入。而这份心意的珍贵，也成了将无常化为永恒的基石。

中国式一期一会

当下的茶界，流行"一期一会"的概念。这本是日语，最早出于江户德川幕府时代井伊直弼所著《茶汤一会集》。书中这样写道：

追其本源，茶事之会，为一期一会，即使同主同客反复多次举行茶事，也不能再现此时此刻之事。

这里的"期"，所指的是一生的时间，而"会"指的是相会。

然而，最早提出类似思想的还不是井伊直弼，而是村田珠光。在《山上宗二记》中的《珠光一纸目录》中可以发现，村田珠光重视主宾双方在茶事活动中的影响。他认为，客人从进入到离开茶室，都需当作是一生仅有的一次相遇来尊敬亭主（即茶会的主人）。相对的，亭主也要以对等的心态诚心来待客。

　　其实，"一期一会"还真算不得舶来品。郭登笔下的"西屯女"，先是解鞍系马，后是厨中泡茶，不正是在践行"一期一会"的想法嘛。如今便捷的通信，使得我们忽略了人与人相遇的不易。我们遇到的人，其实还是每天都在改变。我们总觉得，留了微信就可以很容易

茶室一角

联系到。可有多少人喝过一次茶后，也就再未见过了呢？即使是关系不错的朋友，也大都沦为朋友圈里点赞的交情了。

时间在变，空间在变，唯一不变的也还是只有"变化"。我们以为比古人幸福很多，其实遇到的苦恼还是没太大变化。

写到这里，我忍不住又念了一遍之前的那套话。中国老百姓，不懂得"一期一会"。大家只是觉得，泡茶可以把客人留下。见一面不容易，能多待一会就多待一会。客来奉茶，无疑是最走心的茶事。

中国茶文化中，原来也有这样深刻的部分。

只怪我们，还没有细细体会罢了。

每逢佳节，大家别忘了认真给客人泡杯茶。

卷外篇

茶博士

外出讲课或参加活动，总被尊称为"茶人"。我曾在拙作《茶经新解》中指出，这个称呼最早出现在《茶经》之中。据茶圣陆羽的定义，所谓"茶人"不仅要懂茶爱茶，更要常背着竹筐上山采茶。知行合一，方是名副其实的"茶人"。

我自觉离茶圣的要求相差很远，因此不敢接受"茶人"称号。

于是乎，我又有了新的称谓——"茶博士"。

这个"职称"，不禁让我与有荣焉。

毕竟，第一个被叫作"茶博士"的人，正是茶圣陆羽。

茶圣被称茶博士

唐代封演《封氏闻见记》中，记载了茶圣被"授予"这一称号的故事。文中写道：

> 李季卿宣慰江南，时茶饮初盛行。陆羽来见，既坐，手自烹茶，口通茶名，区分指点。李公心鄙之，茶罢，命奴子取钱三十文酬茶博士。

故事发生的背景，是"茶饮初盛行"之时。李季卿本是李唐宗室，长期生活在北方，对于茶了解到什么程度不得而知。作为"宣慰江南"的官长，李季卿会见了前来拜访的茶学领军人物陆羽。

陆羽为李季卿烹茶，并伴有详细的讲解。按说以陆羽的专业水平，这本该是一次宾主两欢的茶会。但不知道是哪里出了差错，使得李季卿非常不爽，即原文所讲"心鄙之"。喝完了茶，愣是让奴仆拿出三十文钱甩给了陆羽。顺带着给陆羽来了个职称"茶博士"。

在中国古代，博士本有师长的意思。西汉武帝时设立五经博士，并安排了弟子员五十人。到后来，四方学者都慕名来学习五经。皇帝就下旨，请五经博士受业。所以当时的弟子，称自己老师"博士"。这个习俗，一直延续到了魏晋南北朝时期。像北齐时的张景仁，曾教授皇子高纬书法。后高纬登基，对待张景仁十分尊重，人前人后仍称其为"张博士"。

以此类推，所谓"茶博士"应是茶学老师的尊称。但若真是尊敬，又怎么可能"命奴子取钱三十文"来打发呢？试想一下这个场景，老师在茶室请你喝茶，作为客人自是要连连称谢。但要是临走时给人撂下 30 块钱，那岂不是拿茶室当成星巴克，而把老师当成服务生了？再结合着李季卿"心鄙之"的情绪，我们可以推断："茶博士"应为一句反话。

不但不是赞许，反而是对于茶圣陆羽莫大的羞辱。

市井间的茶博士

由茶圣陆羽的遭遇可知，"茶博士"绝不是赞美爱茶人、懂茶人、习茶人的词汇。你要说苏轼是"茶博士"，那东坡居士肯定不高兴。你要说宋徽宗是"茶博士"，那估计就得有牢狱之灾了。

久而久之，"茶博士"已经脱离了茶学界，而演变成了一种职业。《杭州府志》记载：

> 杭州先年有酒馆而无茶坊，然富家燕会，独有专供茶事之人，谓之茶博士。

在旧时杭州城，"茶博士"特指那些在大型宴会上"专供茶事之人"。我曾经讲过，泡茶如同做饭。小家庭的饭好做，食堂的大锅菜难炒。三五好友，围坐品茗，本不难应付。但要在大型活动上，伺候上百人同时饮茶，没点手艺还真是不行。所以《杭州府志》中的"茶博士"，大致相当于如今大型活动中负责茶水台的工作。

　　"茶博士"，更多存在于戏曲、话本、小说等文学作品当中。像《清平山堂话本》《水浒传》《古今小说》《三言二拍》《儒林外史》《二十年目睹之怪现状》《侠义传》等作品中，都有"茶博士"的身影。篇幅有限，我仅举一两例说明其情况。

　　冯梦龙《警世通言·万绣娘仇报山亭儿》开篇便写道：

　　万三官人在襄阳府市心里住，一壁开着干茶铺，一壁开着茶坊。家里一个茶博士，姓陶小名叫做铁僧。自从小时绾着角儿便在万员外家中掉盏子，养得长成二十余岁，是个家生孩。

　　这篇故事中，万官人家里专做茶叶生意。一间干茶铺卖茶叶，另一间茶坊则是做茶水生意。家里的茶博士叫陶铁僧，从小就在万家"掉盏子"。所谓"掉盏子"，就是清洗茶具的意思。也就是说，这位茶博士是万家专门打理茶事的奴仆。显然，这里的茶博士没有什么社会地位。

　　《警世通言·俞仲举题诗遇上皇》一篇中，也有茶博士出场。文中写道：

　　一日，俞良走到众安桥，见个茶坊，有几个秀才在里面，俞良便挨身入去坐地。只见茶博士向前唱个喏，问道："解元吃甚么茶？"俞良口中不道，心下思量："我早饭也不曾吃，却来问我吃茶。身边铜钱又无，吃了却捉甚么还他？"便道："我约一个相识在这里等，少间客至来问。"茶博士自退。

由此可见，这里的茶博士就是茶坊中的服务员。

《永乐大典·戏文三种》里，曾称茶博士是"茶迎三岛客，汤送五湖宾"。用这个定义来形容明清文学作品中的茶博士，想必再贴切不过了。

那么"茶博士"作为一份工作，社会地位如何呢？

清代光绪《永嘉县志》曾记载了这样一帮"文艺青年"：

> 季观乐号碧山，初名镇海。家酷贫，卖菜为业……时有黄巢松充营卒，祝圣源茶博士，梅方通贩鱼，计化龙修容，周士华锻铁，张丙光冶银。皆能诗，结社联吟，有市井七才子之目。

文中记载的"市井七才子"，虽然身处社会底层，但仍醉心"结社联吟"。身上的文艺气息，可谓扑面而来。

这其中，便有一位茶博士。他的另外六位诗友，分别从事卖菜、营卒（笔者按：非正规军）、贩鱼、修容（笔者按：美容美发行业）、锻铁、冶银等工作。由此可见，"茶博士"是地地道道的市井职业。在社会等级森严的中国古代，绝无社会地位可言。

因此，即使作为一个职业，当"茶博士"也算不得光荣。

日本也有茶博士

正所谓墙内开花墙外香，"茶博士"也有露脸的时候。清末黄遵宪《日本国志》中，记载了别样的"茶博士"。文中写道：

至丰臣氏，使千宗易修饰之，置茶博士，官赐三千石，子孙世其业。或费千金求其诀，不可得。及德川逮庶人，无不崇尚（笔者按：千宗易，即举世闻名的千利修）。

由此可见，"茶博士"在日本战国时代是一种官职。不仅具有"三千石"的高薪，还可以子孙世袭。不仅待遇丰厚，"茶博士"甚至还涉足了国家政治。《日本国志》记载：

苟时逢战争，声鼓震天。茶室，即为密谋室。宾主相对，悄然无声。而茶博士即因是窃权卖爵，无所不至。

丰臣秀吉当政时，与冯梦龙《警世通言》的写作时间相隔不远。这日本国的"茶博士"，可真是太让大明朝的"茶博士"羡慕了。虽然职称相同，但是社会地位简直天差地别。

但其实，日本历史上并没有"茶博士"的官职。根据《日本国志》对于"茶博士"出现时间、待遇及地位的推测，黄遵宪所要表达的官职应称为"茶头"。

日本"茶头"，出现在战国时代。说得再确切点，应是始于织田信长时代。信长的茶头是今井宗久、津田宗及、千宗易（利修）三人。据《山上宗二记》记载，到了丰臣秀吉时代共有八位茶头，称为"御茶头八人众"。八人当中地位最高的是千利修，所以又可用"御茶头"来代指千利修。

如《日本国志》记载的那样，茶头享有三千石的丰厚俸禄。与

此同时，作为茶头的千利修在历史上也确有"窃权卖爵"的嫌疑。日本著名历史学家桑田忠亲指出，千利修最终之死正是其"町人"身份与"茶头"职位之间的冲突所致。

利修死后，"茶头"地位逐渐下降。到了江户时代，茶头最高也就拿到八百石，通常是五百石左右。幕府末期各藩的茶道老师，只能领到五十石甚至十石的俸禄。"茶头"风光之时，黄遵宪没赶上。等他到日本时，正值"茶头"待遇最低之时。估计在黄遵宪眼中，日本"茶头"跟中国茶坊里的"茶博士"真差不多了。黄在《日本国志》中将这一职业描述为"茶博士"，不知是否也"心鄙之"呢？

茶与博士都是好词，可连在一起就有了贬义。不管是李季卿眼中鄙视的"茶博士"，还是茶坊中的跑堂"茶博士"，显然都不太适用于今天的饮茶生活当中。

"茶博士"一词，请慎用！

茶诗，本是不被茶界关注的话题。

2017 年上半年，我"斗胆"开设了一套名为《跟着古诗学品茶》的网络课程。

没想到反响不错，同学们都表现出了不小的兴趣。现如今，播放量已达数十万次。

我想这正是茶诗魅力的体现。

有同学课后与我交流：您的茶诗课程，为何不从《诗经》讲起呢？

答：因为我不能确定，《诗经》里说的是不是茶。

遍寻《诗经》，只有"荼"而无"茶"。当然，"荼"字确是"茶"的一种古称。但"荼"的字意很多，又不光用来表示"茶"。

我们要弄清的问题是：《诗经》里的"荼"是否可解释为"茶"。

《诗经》中涉及"茶"字共有七处：

《邶风·谷风》："谁谓荼苦，其甘如荠"；

《大雅·绵》："周原膴膴，堇荼如饴"；

《郑风·出其东门》："出其闉阇，有女如荼"；

《豳风·七月》："采荼薪樗，食我农夫"；

《国风·鸱鸮》："予手拮据，予所捋荼"；

《周颂·良耜》："其镈斯赵，以薅荼蓼。荼蓼朽止，黍稷茂止"；

《大雅·桑柔》："民之贪乱，宁为荼毒"；

参考沈泽宜《诗经新解》中所述，这七处"荼"字分别为苦菜、茅花和陆地秽草。若是要将《诗经》中的"荼"解释为"茶"，多少有些牵强。

我自认为茶诗的历史可追溯到先秦时期。但那个时期还只是中国茶饮的萌芽期，远没有后世的文化地位。茶在秦汉时期，是否就已步入了文学的殿堂？目前，尚无确凿证据。

《诗经》中就已有茶的说法，只能是爱茶人的善意揣测罢了。

我也是爱茶人，自然也愿意相信。

但真正与茶有关的诗歌，实际出现在魏晋南北朝时期。

现如今，隋唐前的茶诗共有四首传世，皆被茶圣陆羽收录于《茶经》第七章之中。我们不妨翻开《茶经·七之事》，细细品味最早的茶诗。

先是西晋诗人左思的《娇女诗》：

吾家有娇女，皎皎颜白皙。小字为纨素，口齿自清历。有姊字惠芳，眉目粲如画。驰骛翔园林，果下皆生摘。贪华风雨中，倏忽数百适。心为茶荈剧，吹嘘对鼎𬬺。

左思是著名的文学家，其大作《三都赋》当年竟然引得"洛阳纸贵"。借他的妙笔，为我们描述出一幅"佳茗配佳人"的画面。小姑娘"心为茶荈剧，吹嘘对鼎𬬺"的样子，可以说是最早的"茶人"形象。

《娇女诗》，算是最早描写"茶人"的茶诗了。

再者是西晋张孟阳的《登成都楼》：

借问扬子舍，想见长卿庐。程卓累千金，骄侈拟五侯。门有连骑客，翠带腰吴钩。鼎食随时进，百和妙且殊。披林采秋橘，临江钓春鱼。黑子过龙醢，果馔逾蟹蝑。芳茶冠六清，溢味播九区。人生苟安乐，兹土聊可娱。

这其中"芳茶冠六清，溢味播九区"两句，算是给予茶极高的评价。"六清"见于《周礼》，是可作为祭祀的高洁饮品。芳茶之美，冠于六清，这是对茶极大的褒奖。

《登成都楼》，可谓将茶的地位提升到了前所未有的文化高度。

还有西晋孙楚的《出歌》：

茱萸出芳树颠，鲤鱼出洛水泉。白盐出河东，美豉出鲁渊。姜、桂、茶荈出巴蜀，椒、橘、木兰出高山，蓼苏出沟渠，精稗出中田。

顾名思义，这是一首介绍山川土产的诗歌。茶作为特产的一种，被记录于其中。特别值得注意的是，诗中点明了产地，专门说明"茶荈出于巴蜀"。

《出歌》，是最早歌咏茶区的诗。也为研究中国西南茶区提供了珍贵史料。

最后是南朝王微的《杂诗》：

寂寂掩高阁，寥寥空广厦。待君竟不归，收颜今就槚。

此诗可划为"闺怨"题材。诗中的主人公，是一位苦等心上人的少妇。既然"待君竟不归"，只能"收颜今就槚"。槚，是茶的一种古称。谁说只能借酒浇愁？古人也常常借茶解忧。

《杂诗》，是第一次描写饮茶人的茶诗。

可以讲：

收录茶诗，是《茶经》中的一大亮点。

保存茶诗，是茶圣陆羽的一大功绩。

在没有互联网与搜索引擎的唐代，陆羽收集到这四首茶诗是何其不易。我们应该感谢陆羽。若没有将这四首茶诗收录在《茶经》中，可能就不会被那么多爱茶人读到。像西晋孙楚的《出歌》，原文已经散佚。若没有《茶经》的收录，可能就真要淹没于历史的洪流当中了。

前《茶经》时代，茶诗需要以茶书为载体。

原因何在？

茶诗数量稀少，尚不具有影响力。

自唐代以来，情况发生了变化。

我曾遍查《全唐诗》，发现以茶为题目或内容涉及茶事的诗歌超过了600首。从魏晋南北朝时的4首，到唐代的600余首，茶诗在唐代呈现出一种井喷式的增长趋势。

茶诗，为文人所写。

茶诗，以茶事为题。

茶诗的出现，是文人参与茶事的体现。

茶诗的出现，是茶与文化碰撞后的结晶。

魏晋南北朝时的寥寥几首茶诗，可看作是中国茶文化的星星之火。数量虽少，但迟早会有燎原之势。

唐代的600余首茶诗，则可看作是文人密切参与茶事的铁证。

《茶经》的问世，茶诗的井喷，都向我们指明了一个结论：

茶，起源自先秦。

茶文化，则发端于唐代。

不要小看文化的力量，它看不见摸不着，却实实在在地影响着人们的一言一行。

以蝙蝠为例，中西方就有着截然不同的态度。

西方人视蝙蝠为妖魔邪祟，总是能与吸血鬼的形象联想到一起。

以至于在电影里，蝙蝠总是出现在幽灵古堡或是恐怖地穴之中，从而烘托恐怖气氛。

中国人，则视蝙蝠为吉祥瑞兆。皆因"蝠"与"福"谐音，蝙蝠也跟着沾了光。在北京的故宫、北海、颐和园的古建筑的彩绘中，常见蝙蝠的形象。官窑瓷器中，还专有以蝙蝠作为装饰纹样，美其名曰"万福来朝"。

让中国人以"蝙蝠纹"杯盏饮茶，会觉得格外吉祥。若是让欧美人端着"蝙蝠纹"的餐具吃饭，那估计真要心惊胆战了。

蝙蝠，还是那只蝙蝠。文化，改变了人们的心态。

我们今天饮茶，会有身心愉悦之感。

身体的愉悦，是茶中的物质在起作用。咖啡碱使人兴奋，氨基酸带来酸爽，多糖类物质则给人甜蜜的享受。

心理的愉悦，则是文化在起作用了。诸多的茶诗，不断地增添茶的文化附加值。我们饮一杯茶，既可以"喉吻润"也可以"破孤闷"，甚至能让"平生不平事，尽向毛孔散"……

个中享受，是茶文化的力量，也是茶诗之功劳。

最美的语言，必是诗。

最美的生活，须有茶。

茶诗，构建了中国茶美学的理论基础。

茶诗，也为当下的饮茶生活提供了无限的美学养分。

冲一壶茶，吟一首诗，日日都是好日。

接下来，我们再分析一下茶诗与《茶经》之间千丝万缕的联系。

唐代 600 余首茶诗，参与写作茶诗的文人共有 145 人。这其中：

写 10 首以上的有 11 人，占总体人数的 7%；

写 1 首的有 67 人，占总体人数的 46%。

只写了 1 首茶诗，算得上爱茶人吗？

不一定。

大量的诗人在那个时期，对茶仅是开始涉猎与了解。

但不得不说，这也是可喜的现象。

应该讲，唐代开始参与茶事的文人越来越多。其中有一部分，达到了爱好茶事（写作 10 首以上茶诗者）的程度。而极少数诗人，算是醉心茶事了。

自唐代起，参与茶事算得上是文人的标配。

我们不妨再把研究的视角，落实在具体的诗人身上。

我选取了十位（组）知名诗人，将他们的茶诗作品加以总结。现将其茶诗数量由多到少进行比较，排序如下：

1. 白居易 茶诗总数：64 首

2. 皮陆组合（皮日休 陆龟蒙）茶诗总数：45 首

3. 贯休 茶诗总数：35 首

4. 皎然 茶诗总数：19 首

5. 贾岛 茶诗总数：12 首

6. 小李杜组合（李商隐 杜牧）茶诗总数：10 首

7. 刘禹锡 茶诗总数：9 首

8. 李杜组合（李白 杜甫）茶诗总数：8 首

9. 王维 茶诗总数：4 首

10. 孟浩然 茶诗总数：1 首

如果以《茶经》成书年代为节点划分，我们就会发现第 6~10 名多是生活在"前《茶经》"时代，而第 1~5 名则都生活在"后《茶经》"时代。

《茶经》，是第一本论述茶学的专著。此书的问世，不仅让世人有机会了解中国的千年茶学，更将"下里巴人"的茶和茶文化引入了文人墨客的视野。自《茶经》之后，茶得到了知识阶层的关注与重视。

一方面，形成了撰写茶学经典的文化传统。自《茶经》之后，宋代《大观茶论》、明代《茶疏》、清代《续茶经》等茶书相继出版。至今存世的茶学专著，仍有百种左右。

但能撰写茶学专著的文人，总是少数。更多爱茶人，通过吟诗作赋来抒发对于茶事的喜爱之情。如今存世数千首的茶诗，不得不说是中国茶学的一大宝库。

陆羽《茶经》，最终激发出茶书与茶诗两脉文学形式分支。

茶书，使得饮茶之事越来越精。

茶诗，使得饮茶之事愈来愈美。